高等学校**美容化妆品专业**教材
美容化妆品行业职业培训教材

化妆品 生产工艺与技术

刘纲勇　杨承鸿　主编

 化学工业出版社

·北京·

内 容 简 介

　　根据化妆品生产工艺工程师岗位要求掌握的知识和技能，本书分为九章，第一章～第三章主要介绍该岗位要求掌握的通用知识，包括职业道德和职业守则、车间管理与法规、消毒与卫生管理；第四章～第九章根据各类产品的要求，分别介绍每类产品的分类、配方组成和生产工艺，以及关键工艺控制点（包括原料的储存和预处理、关键原料的投料、中间过程控制、出料控制、储存、灌装、包装等）、常见质量问题及其原因解析。

　　本书在内容上既考虑了化妆品专业学生的学习特点，又兼顾了企业对化妆品生产工艺工程师的工作需求，因此既可作为化妆品专业学生的教材，又可作为化妆品生产工艺工程师的培训教材，还可作为化妆品行业技术人员的参考书。

图书在版编目（CIP）数据

　　化妆品生产工艺与技术 / 刘纲勇，杨承鸿主编. —
北京：化学工业出版社，2022.9
　　ISBN 978-7-122-41771-8

　　Ⅰ.①化… Ⅱ.①刘… ②杨… Ⅲ.①化妆品－生产
工艺 Ⅳ.①TQ658

　　中国版本图书馆 CIP 数据核字（2022）第 113864 号

责任编辑：提　岩　张双进　　　　　　　　装帧设计：王晓宇
责任校对：宋　夏

出版发行：化学工业出版社（北京市东城区青年湖南街 13 号　邮政编码 100011）
印　　装：大厂聚鑫印刷有限责任公司
710mm×1000mm　1/16　印张 13½　字数 247 千字　2022 年 11 月北京第 1 版第 1 次印刷

购书咨询：010-64518888　　　　　　　　售后服务：010-64518899
网　　址：http://www.cip.com.cn
凡购买本书，如有缺损质量问题，本社销售中心负责调换。

定　　价：39.80 元　　　　　　　　　　　版权所有　违者必究

《化妆品生产工艺与技术》编写人员名单

刘纲勇　杨承鸿　主编

付尽国　副主编

刘纲勇　广东食品药品职业学院

杨承鸿　广东科贸职业学院

付尽国　广东科贸职业学院

李慧良　杭州宜格化妆品有限公司

张　亮　广州芙莉莱化妆品有限公司

张秋林　广州仪美生物科技有限公司

吴保林　广州科玛化妆品制造有限公司

曾万祥　博贤实业（广东）有限公司

李传茂　广东丹姿集团有限公司

李　新　广州博士研生物技术有限公司

肖瑞光　广州善草纪化妆品有限公司

黄建帮　广东省本草化妆品研究院

黄红斌　卡姿兰集团（香港）有限公司

赖经纬　卡姿兰集团（香港）有限公司

许洁明　卡姿兰集团（香港）有限公司

蔡昌建　广州创厚生物科技有限公司

张为敬　中山市天图精细化工有限公司

梁高健　中山市天图精细化工有限公司

陈敏珊　薇美姿实业（广东）股份有限公司

谢思跃　广东省轻工业技师学院

刘苏亭　潍坊职业学院

尤智立　厦门医学院

陈芳芳　厦门医学院

许莹莹　山东药品食品职业学院

王　萌　潍坊职业学院

郭立强　江苏工程职业技术学院

蒋　蕻　南京科技职业学院

王兆伦　温州大学

何朝晖　湖南食品药品职业学院

付永山　四川工商职业技术学院

甘　霖　广东美妆品教育科技有限公司

前　言

随着人们生活水平的提高，国内化妆品生产企业规模得到迅速扩大，同时人们对化妆品品质的要求越来越高，促进了化妆品生产新工艺新规范迅速更新迭代。行业需要化妆品生产工艺工程师的数量和质量均要跟上时代的变化，因此培养大量高素质的生产工艺工程师迫在眉睫。然而，目前化妆品技术专业缺少专门针对生产工艺工程师岗位的教材供在校生学习，企业的生产工艺工程师也缺乏专用的参考资料供他们继续提升。为此，刘纲勇博士联合企业化妆品领域资深专家和相关高校化妆品技术专业教师共同编写了这本《化妆品生产工艺与技术》。

本书依据化妆品生产工艺工程师岗位的知识、技能和素质需求，将内容分成两大部分。第一部分（第一章～第三章）介绍生产工艺工程师应掌握的通用知识，根据新颁布的《化妆品生产质量管理规范》进行编写，以帮助生产工艺工程师按最新的要求对车间开展规范管理。第一部分具体内容包括生产工艺工程师的职业道德和职业守则、车间管理与法规、消毒与卫生管理等。第二部分（第四章～第九章）分类介绍化妆品龙头企业目前生产中所用的工艺技术，并相应提供化妆品中试试验的典型配方和生产工艺，以帮助学习者通过动手实践，深入掌握先进的知识和技能。第二部分具体内容包括根据各类化妆品的生产要求，分别介绍每类产品的分类、配方组成和生产工艺，以及关键工艺控制点（包括原料的储存和预处理、关键原料的投料、中间过程控制、出料控制、储存、灌装、包装等）、常见质量问题及其原因解析。

本书由刘纲勇、杨承鸿担任主编，付尽国担任副主编。具体编写人员及分工为：绪论，李慧良、杨承鸿；第一章，付尽国、谢思跃、甘霖；第二章，张亮、张秋林、刘苏亭；第三章，吴保林、张亮、尤智立、陈芳芳；第四章，曾万祥、李传茂、许莹莹；第五章，李新、肖瑞光、黄建帮、王萌；第六章，黄红斌、赖经纬、郭立强；第七章，许洁明、蔡昌建、蒋蕻、王兆伦；第八章，张为敬、梁高健、何朝晖；第九章，陈敏珊、付永山。全书由刘纲勇、杨承鸿统稿，葛虹主审。

由于编者水平所限，书中不足之处在所难免，欢迎各位读者提出宝贵意见和建议（邮箱251737028@qq.com），以便在新版本中不断完善。

编者

2022 年 5 月

目　　录

绪 论

一、学习化妆品生产工艺与技术的重要性

化妆品生产工艺与技术是一门实践性较强的学科。化妆品生产制造过程从原材料和其他相关物料的组织、评判、称量、计重、核对开始，然后在特定的空间，应用合适的设备与器具，在拟定的工艺和技术条件下，通过规范的生产制造、暂存与包装等程序，并经过一系列检验与检测，最后成批量地由规模化生产得到所期望的产品。这个过程往往需要化妆品生产工艺工程师将实验室试样，通过不断的实践性试量产，过渡到可持续的工业化规模性生产。在规模化生产过程中，化妆品生产工艺工程师要通过安排生产制造人员、设备、场地、辅助性设施、能源等，不断进行优化与整合，最终使化妆品生产过程既科学合理又经济可行。

一般来说，化妆品生产工艺工程师一方面要承接化妆品配方师通过实验室配制的小样与配方，另一方面要根据产品属性与各种相关要求，对接相应的生产制造方或团队，对一个已被确认的来源于实验室的小样，从 0.1kg 到 1kg、5kg、10kg，直至上百千克、数百千克……，通过不断地放样、调整工艺、再放样……如此反复推进的过程，形成甚至高达上吨位的、稳定的大规模生产。这个过程是化妆品生产工艺工程师利用他们所掌握的知识与积累的相关经验而完成的。所以化妆品生产工艺工程师不仅需要具有丰富的化学知识，还需要具备一定的机械、电子、自动化和经济学等方面的技能和知识。

绝大部分化妆品是由多种原料经过一定的工艺条件，利用相应的设备与器具，合理调配加工而成的复配性混合物。原料与原料之间一般不发生化学反应，只是一个由各种条件设定的，将具有不同物理、化学或生物学特性的物质混合的过程。所以不同的产品、不同的配方组配，其生产工艺有很大差别，例如膏霜和乳液需要高速剪切乳化、真空脱气泡等工艺，而一般情况下润肤水等水剂型配方产品的生产不需要乳化过程。目前有些设备先进的化妆品企业，会利用连续微乳化设备生产部分高档水剂型产品。即使是同一类型的产品，配方不同甚至包装容器不同也将导致制造工艺参数不同。

同时在化妆品生产过程中，加料顺序、加料温度、搅拌速度和搅拌时间，甚至料体降温时速等工艺参数都会对最终产品的品质产生影响。

另外，即便同一产品的同一配方，在不同容积或不同厂家出品的设备中配制时，其制造过程的技术工艺参数也会不一样，需要在配制过程中加以精细调整。这种情况在美容产品如散粉、口红、眼影、粉饼等有色化妆品中尤为突出，在含有珠光类原料的产品中更为明显，需要特别关注。同样的道理，即便是完全相同

的配方，在同一容器中配制，由于搅拌速度、搅拌时间、配制温度波动等，没有做到严格一致，也会出现批次与批次之间的色泽差异。

标准化的生产制造流程是在生产配方和工艺设计不断优化完成以后形成的。化妆品生产工艺主要涉及投料、加热、搅拌、乳化、冷却等几大环节，看似简单，但控制不好，产品会出现很多质量问题。有的产品在实验室研制阶段质量很好，但投入大规模生产后出现质量不达标或不稳定的情况，造成了原料的浪费和经济损失。所以，任何一种产品在投入大规模生产前，都要采取逐步放大的制造方式，最好还要经过多次的中试生产，待产品质量稳定后再投入规模化生产。

由此可见，化妆品生产制造是把配方师通过研发得到的实验室化妆品配方，经过反复的可量产化试验之后，才能进入大规模生产制造，成为上市产品，从而产生该产品应有的经济效益和社会效益的过程。在这期间，化妆品生产工艺与技术起着决定性的作用。

二、化妆品生产工艺与技术的发展历程

在化妆品进入人类世界的那一刻，就有了化妆品生产制造。无论是在古埃及、古巴比伦、古罗马、古希腊，还是古代的中国，都可以找到化妆品生产制造的历史证据。

历史上很长一段时间，由于科技不发达等原因，化妆品生产制造是一种生产规模极小的手工业作坊式的生产过程。在 19 世纪末以前，化妆品的生产制造极其粗糙。采用的原料大部分来源于植物、动物和矿物，制造方法主要采用对材料的采集、粉碎、加热煎煮、搅拌、混合等原始方法。

我国的历史文献对化妆品制作有详细的记载。使用的材质有树木花草的根茎叶、淀粉等植物性原料，牛、羊、猪的脂肪和驴皮等动物性原料，以及云母、铅丹、矿蜡、滑石、玉粉、金粉、氧化铁等矿物性原料。包装主要采用陶器、石器、瓷器、玉器、竹器和漆器等。

我国古代中草药化妆品制作工艺，有些已具备了现代化妆品制造方式的雏形。古代医药学家王焘的《外台秘要》中有关于美化与治疗口唇部疾患的蜡质棒状制剂和其制造工艺的记载，"……冷出之，棉滤即成甲煎蜡七斤，上朱砂一斤五两，研令精细，紫草十一两，于蜡内煎紫草令色好，面滤出停冷，先于灰火上消蜡，内甲煎，及搅看色好，以甲煎调，硬即加煎，软即加蜡，取点刀子刃上看硬软，著紫草于铜铛内消之，取竹筒合面，纸裹绳缠，以镕脂注满停冷即成口脂。模法取干竹尽头一寸半，一尺二寸锯截下两头，并不得节坚头，三分破之，去中，分前两相著合令蜜，先以冷甲煎涂模中合之，以四重纸裹筒底，又以纸裹筒，令缝上不得漏，以绳子牢缠，消口脂泻中令满，停冷解开，就模出四分，以竹刀子约筒截割令齐整，所以约筒者，筒口齐故也。用涂之……"以上可以看出古人所制

备的唇脂已具备了现代唇膏的制造方式的雏形。

现在所说的化妆品生产制造是指规模化大量生产的形式，而不是过去那种科学技术和工业生产设备与工艺落后的手工作坊生产的过程。因此严格意义上来说，化妆品生产制造是从20世纪初，化妆品摆脱家庭作坊式的手工业制造方式，形成工业化大规模生产制造的那一刻开始的。

三、常见化妆品的剂型与功能分类

化妆品的分类方法有很多，可以按照用途或剂型分类，也可以按照传统认知分类，各种分类方法都有其局限性与优缺点。而且随着科学技术的发展和新剂型的不断产生，用途与用法不断增多，分类常会变动。所以，从历史与科学技术发展的眼光来看，化妆品的分类是在不断变化的。

通常，可根据使用部位、使用人群、使用功效等来分类，每种分类方法又有不同的细分。不同分类方法之间也会相互交叉。根据使用部位的不同，化妆品可分为口唇用、毛发用、皮肤用、指（趾）甲用等。其中，皮肤用化妆品又可分为脸部用、眼部用、身体用等。根据使用功效的不同，化妆品可分为清洁、护理、修饰、美妆、特殊用途等。根据使用人群的不同，化妆品可分为女士用、男士用、儿童用、老年人用等。

根据化妆品生产许可工作规范，化妆品生产许可类别以生产工艺和成品状态为主要划分依据，可划分为：一般液态单元、膏霜乳液单元、粉单元、气雾剂及有机溶剂单元、蜡基单元、牙膏单元和其他单元，每个单元分若干类别。

本书根据化妆品生产许可类别进行章节划分。

四、化妆品生产工艺工程师应具备的基本知识和技能

在化妆品制造企业，与化妆品工艺相关的岗位主要是化妆品生产工艺工程师和化妆品生产技术工程师。这两者在职能上是有区别的，前者主要承担化妆品生产过程中采用哪些工艺手段或技术来使产品稳定、顺畅、高效率地产出；而后者是在产品生产制造过程中，制定相应的技术路线和技术条件来制造出达到品牌经理、产品经理和配方师所预先设定的产品标准和品质要求的产品。两者都与化妆品的生产制造过程密切关联，因此化妆品生产工艺工程师需要掌握以下基本知识和技能。

1. 熟悉物料和相关设备性能

熟悉化妆品研发的一般流程，熟悉常用化妆品原料的物理、化学、生物学以及使用性能、分类、储藏条件；不仅能合理使用生产性设备与工具、控制仪器、包装流水线及设备，还要了解其原理，能迅速排查一般故障，并提出解决方案。

2. 掌握车间管理方法与相关法规

车间管理对提高化妆品产品质量、保障消费者使用安全、促进行业的健康发

展具有重要意义。国家相关部门发布了《化妆品生产许可检查要点》等公告,其中检查项目和评价方法与车间管理密切相关,需要从业人员认真学习并执行。

3. 掌握消毒与卫生管理方法

化妆品大多含有营养成分,无论是在生产还是在保存过程中,易受到微生物污染或因气温等的变化而引起变质。原料的保存环境和生产车间卫生质量的好坏直接影响产品的品质。为了保证化妆品微生物含量控制在标准规定范围内,从业人员必须对车间设备、容器、用品与用具进行定期清洁与消毒。

4. 有强烈的安全生产意识

有些原料闪点低,如酒精等,具有易燃易爆性,必须按照易燃易爆品储存与使用原则来操作。要具备消防安全知识与技能,如电器着火的处理、油品着火的处理等。另外,在生产制造车间,当乳化锅处于工作状态时,油相锅和水相锅会产生大量热量,容易烫伤皮肤,应注意防护,必要时戴上手套和护目镜等防护用具。生产洁面乳、洗发水等需要用到大量液体表面活性剂时,要注意防滑和防跌倒。要时刻牢记安全生产是第一要务。

五、熟悉与掌握相关实验和生产设备操作技术的必要性

化妆品生产工艺工程师的主要任务是编制方案和监督实施,把实验室小样的配方和实验步骤,转化成可规模化生产制造的工艺参数。化妆品生产工艺工程师需要参与各类化妆品生产工艺文件的编制和化妆品产品生产所需各种工艺参数的生成与确定。化妆品生产工艺工程师还需要根据化妆品生产配方、工艺流程的设计,组织车间进行工艺审核、设备调试。另外,化妆品生产工艺工程师有时还要配合化妆品配方师进行新产品的设计开发,协助车间制订新产品的试制工作计划。

化妆品生产工艺工程师能在车间主任的安排下,利用自身具备的操作能力,根据生产工艺规程,完成生产任务,并及时填写生产记录,解决生产中出现的产品质量问题。因此,化妆品生产工艺工程师需要掌握化妆品技术的专业基础理论和化妆品生产的基本技能,只有经过大量的生产制造实践才能成为一名能应对各种复杂产品生产的合格工程师。

六、具备良好的职业操守的重要性

提高企业及其产品的信誉主要靠产品的质量,因此从业人员只有相应的生产制造技术和知识是远远不够的,还必须具有良好的职业操守。也就是说,具有良好的职业道德水平是产品质量的有效保证。若从业人员职业道德水平不高,很难生产出优质的产品。企业、行业的发展有赖于高的经济效益,而高的经济效益来源于从业人员的高素质。从业人员素质主要包含知识、能力和道德等方面,其中良好的职业道德是最重要的。

七、如何成为一名优秀的化妆品生产工艺工程师

化妆品生产工艺与技术是一门实践性非常强的专业学科。一个出色的化妆品生产工艺工程师在工作过程中会充分地与配方师沟通，并且具备与相关的产品经理或品牌经理深度沟通的能力，能迅速全面地掌握实验室配方的生产工艺要点，不仅了解配方中的所有原料的物理、化学、生物学特性，掌握原料在配制过程中的变化过程，还了解原材料的储存与运输管理。

优秀的化妆品生产工艺工程师拥有较宽的知识面。如，掌握包装材料中纸张类型、塑料种别、金属材料等各种不同材质的物理与化学性能、使用特性和可应用的范围，甚至还要了解印刷工艺与各种油墨的特性。此外，还能精准评估生产效率与相应的管理成本。

总之，要成长为一名优秀的化妆品生产工艺工程师不仅需要具备相关的专业理论知识，更需要具有丰富的实际操作经验，有很强的动手能力和独立解决生产过程中问题的能力，并具备良好的应变能力和强烈的责任心，以及具备较好的人员组织和沟通能力。

八、小结

化妆品生产制造是一门既需要掌握相关理论知识，又有较强实践性的学科。在现代化妆品研发过程中，化妆品从创意开始，到形成相应的产品，最后进入市场，这整个链条中，化妆品生产工艺工程师起到了关键性作用。也就是说，再好的配方，也不能只停留在实验室里，要变成能进入市场并让消费者认可的产品，这才是关键所在。由于这门学科的特殊属性，对于将来要从事本专业的学生和想了解此专业的人员，一定要认真学好本书中的内容。概括起来，其中最为主要的是循序渐进地掌握以下知识：

① 化妆品的分类；

② 不同类别化妆品的配方结构及常用原料；

③ 不同剂型的典型配方；

④ 不同类别化妆品的生产工艺；

⑤ 不同类别化妆品的关键工艺控制点，包括原料的储存、预处理、关键原料的投料（顺序、温度、搅拌）、中间过程控制、出料控制、储存、灌装、包装等；

⑥ 不同类别化妆品的常见质量问题及其原因分析。

本书将对上述内容进行详细介绍。

第一章　职业道德

第一节　职业道德概述

一、道德的含义和特点

人们在社会生活的各个领域中进行着各种活动，要与他人以及社会的整体发生各种联系。保持正常的社会生活秩序和人与人之间的关系，除法治手段以外，还需要一定的规则和规范来约束人们的行为，调节人们的关系，这种规范就是道德。那么，道德的确切含义是什么呢？道德是由一定社会的经济关系所决定，以善恶为评价标准，依靠社会舆论、传统习惯和人们内心信念的力量，调节人与人、个人与社会之间关系的行为规范的总和。

道德作为一种意识形态，与其他意识形态，如政治、法律、文化、教育等都是社会存在的反映，主要是社会经济基础的反映，并为一定的社会经济基础服务。社会意识形态又具有相对独立性，对社会存在具有能动作用，这是各种社会意识形态的共同特点。然而，道德作为意识形态的特殊形式，又有它自身的特点。

首先，道德是靠社会舆论、传统习惯和个人内心信念等力量发挥其作用的。它不是靠强制力来实现，而是靠社会舆论和个人内心信念等力量来倡导和维持的。

其次，道德调节各种关系的范围比法律广泛得多。人们的社会生活是纷繁复杂的，为了调节人们之间的关系，需要制定法律条文或行政纪律。法律只对触犯法律条文的行为实行制裁，而有许多法律条文无法规定和"干预"的行为，则主要是依靠道德规范进行调节。

最后，道德具有特殊的稳定性。因为道德是调节人们行为的，这种调节主要靠人们的道德情感、道德信念来起作用，这些一旦形成，深入人们的内心深处，就有较大的稳定性。

根据道德的表现形式，通常把道德分为家庭美德、社会公德和职业道德三大领域。作为从事社会某一特定职业的从业者，要结合自身实际情况，加强职业道德修养，承担职业道德责任。同时，作为社会和家庭的重要成员，从业者也要加强社会公德、家庭美德修养，承担起自己应尽的社会责任和家庭责任。

二、职业道德的定义和基本要素

职业道德，是指从事一定职业的人在履行职业职责的过程中应遵循的特定职业思想、行为准则和规范。它既是一般社会道德在特定的职业活动中的体现，又突出了在特定职业领域内特殊的道德要求。它既是对本行业人员在职业生活中行为准则的要求，又是本行业人员对社会所承担的道德责任和义务。任何一种职业都是职业职责、职业权利和职业利益的统一体。职业既是人们谋生的手段，又是人们与社会进行交往的一种主要的渠道。在交往中必然涉及各方面的利益，于是如何调节职业交往中的矛盾问题摆在了人们的面前，这就需要用道德来调节。职业道德是所有从业人员在职业活动中应遵循的行为准则，涵盖了从业人员与服务对象、职业与职工、职业与职业之间的关系。随着现代社会分工的发展和专业化程度的增强，市场竞争日趋激烈，整个社会对从业人员职业观念、职业态度、职业技能、职业纪律和职业作风的要求越来越高，因此要大力倡导以爱岗敬业、诚实守信、办事公道、服务群众、奉献社会为主要内容的职业道德。

职业道德的基本要素主要包括以下几方面。

1. 职业理想

职业理想即人们对职业活动目标的追求和向往，是人们的世界观、人生观、价值观在职业活动中的集中体现。它是形成职业态度的基础，是实现职业目标的精神动力。

2. 职业态度

职业态度即人们在一定社会环境的影响下，通过职业活动和自身体验所形成的、对岗位工作的一种相对稳定的劳动态度和心理倾向。它是从业者精神境界、职业道德素质和劳动态度的重要体现。

3. 职业义务

职业义务即人们在职业活动中自觉地履行对他人、对社会应尽的职业责任。我国的每一个从业者都有维护国家、集体利益，为人民服务的职业义务。

4. 职业纪律

职业纪律即从业者在岗位工作中必须遵守的规章、制度、条例等职业行为规范。例如国家公务员必须廉洁奉公、甘当公仆，公安、司法人员必须秉公执法、铁面无私等。这些规定和纪律要求，都是从业者做好本职工作的必要条件。

5. 职业良心

职业良心即从业者在履行职业义务中所形成的对职业责任的自觉意识和自我评价活动。人们所从事的职业和岗位不同，其职业良心的表现形式往往也不同。例如，商业人员的职业良心是"诚实无欺"，医生的职业良心是"治病救人"，从业者能做到这些，良心就会得到安宁；反之，内心则会产生不安和愧疚感。

6. 职业荣誉

职业荣誉即社会对从业者职业道德活动的价值所做出的褒奖和肯定评价，以及从业者在主观认识上对自己职业道德活动的一种自尊、自爱的荣辱意向。当一个从业者职业行为的社会价值赢得社会公认时，就会由此产生荣誉感；反之，就会产生耻辱感。

7. 职业作风

职业作风即从业者在职业活动中表现出来的相对稳定的工作态度和职业风范。从业者在职业岗位中表现出来的尽职尽责、诚实守信、奋力拼搏、艰苦奋斗的作风等，都属于职业作风。职业作风是一种无形的精神力量，对其所从事事业的成功具有重要作用。

第二节　职业守则

化妆品制造行业最根本的是提供有效的化妆品，满足人们对美的需要和追求。由于化妆品的主要功效是护肤与美容，因此制造过程中必须严格控制化妆品的质量，坚持质量第一的原则，把好质量关，对人民的健康负责，保证化妆品使用的安全有效。这就要求化妆品生产工艺工程师不仅要遵纪守法，还要通过道德的力量来约束自己，遵守化妆品行业职业守则。

一、爱岗敬业，忠于职守，自觉履行各项职责

爱岗就是热爱自己的工作岗位，热爱本职工作。敬业就是用一种恭敬严肃的态度对待自己的工作。社会主义职业道德提倡的敬业有着相当丰富的内容。投身于社会主义事业，把有限的生命投入到无限的为人民服务当中，是爱岗敬业的最高要求。

爱岗敬业，忠于职守的具体要求是：树立职业理想、强化职业责任、提高职业技能。

（1）树立职业理想　职业理想就是指人们对未来的工作部门和工作种类的向往以及对现在的职业发展将达到什么水平、程度的憧憬。理想层次越高，越能发挥个人的主观能动性。作为化妆品企业员工，要自觉树立职业理想，不断激发自己的积极性和创造性，实现自我价值。

（2）强化职业责任　职业责任是指人们在一定职业活动中所承受的特定责任，它包括人们应该做的工作以及应该承担的义务。职业责任是企业员工安身立命的根本，故此企业及从业者本人都应该强化职业责任，树立职业责任意识。

（3）提高职业技能　职业技能也称职业能力，是人们进行职业活动、履行职业责任的能力和手段，包括从业者的实际操作能力、业务处理能力、技术技能以及与职业有关的理论知识等。努力提高自己的职业技能是爱岗敬业应有之义，若没有相应的职业技能，就难以履行职业责任，实现职业理想。

爱岗敬业，忠于职守绝不是口号，而是有着实在内容的行为规范，如发扬艰苦奋斗和勤俭节约的精神，就体现了主人翁的劳动态度。作为一名化妆品行业的从业者，生产工艺工程师的岗位是化妆品直接生产者，是公司的团队人员之一，也是不可或缺的人员。公司的发展要靠每个岗位的员工忠于岗位、热爱岗位，这

不单是为了薪资绩效，也体现了职业道德中的重点。忠于职守，就是要把自己职责范围内的事做好，合乎质量标准和规范要求，能够完成应承担的任务。热爱化妆品配制事业，以此作为自己终生为之追求的事业，尽职尽责做好本职工作，立志为中国化妆品行业的发展做出贡献。尽职尽责的关键是"尽"。"尽"就是要用最大的努力，克服困难去完成职责。尽职尽责和忠于职守的反面，就是玩忽职守，这种作风不把工作当回事，不把责任放在心上，工作马马虎虎，凑合应付，不专注；或者干脆消极怠工，偷懒耍滑，不遵守纪律。显然这些人不热爱自己的工作岗位，缺乏责任感，必然容易造成工作上的失误或疏漏，直接损害的是个人、公司以及国家的利益。

二、工作认真负责，严于律己，保守技术秘密

化妆品生产技术员作为公司的技术人员，应对与技术相关的技术资料进行保密，不能泄露技术信息，影响公司的利益，应恪守职业道德规范。

化妆品生产技术员作为企业一线生产人员，接触的是公司的核心技术，包括原料、配方及工艺等，这些都是企业的核心机密，因此在大多数情况下都要签署保密协议。保密协议是指协议当事人之间就一方告知另一方的书面或口头信息，约定不得向任何第三方披露该信息的协议。负有保密义务的当事人若违反协议约定，将保密信息披露给第三方，将要承担民事责任甚至刑事责任。保密协议通常包括以下几项内容：

（1）保密内容　主要为技术信息，包括技术方案、专利、工艺设计、配方设计、检测报告、生产数据等。

（2）权利及义务　从业期间需要按公司要求工作，不得打探本职工作以外的秘密，且得到的资料数据及成果应交予公司，公司拥有处理权和处置权。

（3）保密期限　分为有限期和无限期。

（4）违约责任　如果违约并造成损失，需承担相关法律责任。

化妆品生产从业人员，应秉承职业操守，保密协议是对职业操守的提示和约束，有益于形成道德准则和规范。

三、刻苦学习，钻研业务

化妆品生产技术员应时刻保持学习的状态。学习是指通过阅读、听讲、思考、研究、实践等途径获得知识和技能的过程。不断学习，既是充实自己和提高个人能力的需要，也是公司发展的需要。刻苦学习，钻研业务主要由于以下几方面：

（1）化妆品原料更新快　新原料需要学习和了解其理化指标，不学习则无法获知。

（2）化妆品产品更新快　对于新配方、新工艺需要及时掌握，否则容易造成公司的损失，只有不断学习才可以更好地提高自己的各项能力，为适应多变的工

作做好准备。

（3）化妆品生产设备更新的需要　化妆品生产技术员既要能操作简单的生产设备，也要能操作复杂、先进的生产设备，如果不努力学习，将无从下手。

（4）生产技术革新的需要　往往善于学习和钻研的员工可以在生产中得到很多经验，这些经验的积累是产生好的技术革新的前提，通过努力学习、钻研业务才有可能把这些革新转化为生产力，为自己和公司带来更多收益。

刻苦学习、钻研业务的收获远远不止这些，随时保持较高的专业水准，不满足于熟练掌握一般的技能技巧，积极学习与原料、配方、设备等相关的理论知识，不断研究、更新技术，提高综合素质，也是行业人员的优良从业操守。

四、谦虚谨慎，团结协作

作为一名化妆品生产技术员，需要谦虚谨慎，团结合作，这是个人和集体的融入关系。优秀的团队是完成任务不可或缺的关键要素，也是职业素质的体现，下面从几个方面分析。

① 优秀的员工能更好地面对纷繁复杂的工作局面，很多具体操作也能协同配合，以谦虚的态度对人，以谨慎的态度对待工作。谦虚可以避免自大，让个人更好地融入集体，创造好的工作环境，营造好的工作氛围，有利于任务的完成。

② 化妆品有四大特性——安全性、稳定性、使用性和有效性，因此要求产品生产过程中要一丝不苟。而且化妆品的成本高昂，尤其是一些功效性原料，化妆品配制员面对不同的原料、用量、温控及工艺操作等都需要极为谨慎，避免失误、返工等生产事故和一系列不必要的损失。谨慎的工作态度是保障产品质量的前提，有利于工作的完成。

③ 化妆品生产过程不是孤立的生产单元，更多的是团队协作的过程，团队越团结，工作效率越高，也更有利于任务的完成。此外，团结协作是从业者和集体之间关系的重要道德规范，也体现了顾全大局、友爱亲善、真诚相待、平等尊重。部门之间、同事之间都需要团结协作，这有助于个人和企业共同发展。

化妆品生产技术员职业守则是每个从业人员的从业标准，也是每个从业人员的道德规范；是完成个人及企业发展的前提和必要条件；是不断完善自己，培养更高的职业道德水平和素养，体现新时期社会主义核心价值观的基本要求；也是发扬国家利益、人民利益、集体利益和个人利益相结合的社会主义集体主义精神，实现为人民服务的宗旨。

第二章　生产车间管理与法规

第一节　工厂管理

国家药品监督管理局为规范化妆品生产质量管理，根据《化妆品监督管理条例》《化妆品生产经营监督管理办法》等法规、规章，制定了《化妆品生产质量管理规范》。

一、机构与人员管理

从事化妆品生产活动的企业，包括化妆品注册人、备案人、受托生产者，应当建立与生产的化妆品品种、数量和生产许可项目等相适应的组织机构，明确质量管理、生产等部门的职责和权限，配备与生产的化妆品品种、数量和生产许可项目等相适应的技术人员和检验人员。同时，企业应当建立化妆品质量安全责任制，明确企业法定代表人（或者主要负责人，下同）、质量安全负责人、质量管理部门负责人、生产部门负责人以及其他化妆品质量安全相关岗位的职责，各岗位人员应当按照岗位职责要求，逐级履行相应的化妆品质量安全责任。

1. 法定代表人

对化妆品质量安全工作全面负责，应当负责提供必要的资源，合理制定并组织实施质量方针，确保实现质量目标。

2. 质量安全负责人

企业应当设立质量安全负责人，质量安全负责人应当具备化妆品、化学、化工、生物、医学、药学、食品、公共卫生或者法学等化妆品质量安全相关专业知识，熟悉相关法律法规、强制性国家标准、技术规范，并具有 5 年以上化妆品生产或者质量管理经验。质量安全负责人应当协助法定代表人承担下列相应的产品质量安全管理和产品放行职责：①建立并组织实施本企业质量管理体系，落实质量安全管理责任，定期向法定代表人报告质量管理体系运行情况；②产品质量安全问题的决策及有关文件的签发；③产品安全评估报告、配方、生产工艺、物料供应商、产品标签等的审核管理，以及化妆品注册、备案资料的审核（受托生产企业除外）；④物料放行管理和产品放行；⑤化妆品不良反应监测管理。

3. 质量管理部门负责人

质量管理部门负责人应当具备化妆品、化学、化工、生物、医学、药学、食品、公共卫生或者法学等化妆品质量安全相关专业知识，熟悉相关法律法规、强制性国家标准、技术规范，并具有化妆品生产或者质量管理经验。质量管理部门负责人应当承担下列职责：①所有产品质量有关文件的审核；②组织与产品质量相关的变更、自查、不合格品管理、不良反应监测、召回等活动；③保证质量标准、检验方法和其他质量管理规程有效实施；④保证完成必要的验证工作，审核和批准验证方案和报告；⑤承担物料和产品的放行审核工作；⑥评价物料供应商；⑦制定并实施生产质量管理相关的培训计划，保证员工经过与其岗位要求相适应的培训，并达到岗位职责的要求；⑧负责其他与产品质量有关的活动。

质量安全负责人和质量管理部门负责人的职责有所不同。①质量安全负责人可以理解为质量负责人的升级，并增加"安全"这一内容，体现政府监管原则——不仅仅注重质量方面，技术安全也放在了重要方面。②质量安全负责人承担更多的"责任"，需要定期向法定代表人汇报，需要负责产品质量安全管理和产品放行职责。

4. 生产部门负责人

生产部门负责人应当具备化妆品、化学、化工、生物、医学、药学、食品、公共卫生等化妆品质量安全相关专业知识，熟悉相关法律法规、强制性国家标准、技术规范，并具有化妆品生产或者质量管理经验。生产部门负责人应当承担下列职责：①保证产品按照化妆品注册、备案资料载明的技术要求以及企业制定的生产工艺规程和岗位操作规程生产；②保证生产记录真实、完整、准确、可追溯；③保证生产环境、设施设备满足生产质量需要；④保证直接从事生产活动的员工经过培训，具备与其岗位要求相适应的知识和技能；⑤负责其他与产品生产有关的活动。

企业应当制订并实施从业人员入职培训和年度培训计划，确保员工熟悉岗位职责，具备履行岗位职责的法律知识、专业知识以及操作技能，考核合格后方可上岗。企业应当建立并执行从业人员健康管理制度。直接从事化妆品生产活动的人员应当在上岗前接受健康检查，上岗后每年接受健康检查。患有国务院卫生主管部门规定的有碍化妆品质量安全疾病的人员不得直接从事化妆品生产活动。企业应当建立从业人员健康档案，至少保存3年。

企业应当建立并执行进入生产车间卫生管理制度、外来人员管理制度，不得在生产车间、实验室内开展对产品质量安全有不利影响的活动。

二、质量保证与控制

1. 质量体系管理文件

① 企业应当建立健全化妆品生产质量管理体系文件，包括质量方针、质量目标、质量管理制度、质量标准、产品配方、生产工艺规程、操作规程，以及法律法规要求的其他文件。

② 企业应当建立并执行文件管理制度，保证化妆品生产质量管理体系文件的制定、审核、批准、发放、销毁等得到有效控制。

③ 企业应当建立并执行质量管理体系自查制度，包括自查时间、自查依据、相关部门和人员职责、自查程序、结果评估等内容。

④ 自查实施前应当制定自查方案，自查完成后应当形成自查报告。自查报告应当包括发现的问题、产品质量安全评价、整改措施等。自查报告应当经质量安全负责人批准，报告法定代表人，并反馈企业相关部门。企业应当对整改情况进行跟踪评价。企业应当每年对化妆品生产质量管理规范的执行情况进行自查。出现连续停产1年以上，重新生产前应当进行自查，确认是否符合本规范要求；化妆品抽样检验结果不合格的，应当按规定及时开展自查并进行整改。

⑤ 企业应当建立并执行追溯管理制度，对原料、内包材、半成品、成品制定明确的批号管理规则，与每批产品生产相关的所有记录应当相互关联，保证物料采购、产品生产、质量控制、储存、销售和召回等全部活动可追溯。

2. 形成记录

① 企业应当建立并执行记录管理制度。记录应当真实、准确、完整，清晰易辨，相互关联可追溯，不得随意更改，更正应当留痕并签注更正人姓名及日期。

② 采用计算机（电子化）系统生成、保存记录或者数据的，应当符合相应要求。

③ 记录应当标示清晰，存放有序，便于查阅。与产品追溯相关的记录，其保存期限不得少于产品使用期限届满后1年；产品使用期限不足1年的，记录保存期限不得少于2年。与产品追溯不相关的记录，其保存期限不得少于2年。记录保存期限另有规定的从其规定。

3. 检验管理制度

① 企业应当建立并执行检验管理制度，制定原料、内包材、半成品以及成品的质量控制要求，采用检验方式作为质量控制措施的，检验项目、检验方法和检验频次应当与化妆品注册、备案资料载明的技术要求一致。

② 企业应当明确检验或者确认方法、取样要求、样品管理要求、检验操作规程、检验过程管理要求以及检验异常结果处理要求等，检验或者确认的结果应当真实、完整、准确。

4. 微生物实验室的管理

① 企业应当建立与生产的化妆品品种、数量和生产许可项目等相适应的实验室，至少具备菌落总数、霉菌和酵母菌总数等微生物检验项目的检验能力，并保证检测环境、检验人员以及检验设施、设备、仪器和试剂、培养基、标准品等满足检验需要。重金属、致病菌和产品执行的标准中规定的其他安全性风险物质，可以委托取得资质认定的检验检测机构进行检验。

② 企业应当建立并执行实验室管理制度，保证实验设备仪器正常运行，对实验室使用的试剂、培养基、标准品的配制、使用、报废和有效期实施管理，保证

检验结果真实、完整、准确。

5. 留样制度

① 企业应当建立并执行留样管理制度。每批出厂的产品均应当留样，留样数量至少达到出厂检验需求量的 2 倍，并应当满足产品质量检验的要求。

② 出厂的产品为成品的，留样应当保持原始销售包装。销售包装为套盒形式，该销售包装内含有多个化妆品且全部为最小销售单元的，如果已经对包装内的最小销售单元留样，可以不对该销售包装产品整体留样，但应当留存能够满足质量追溯需求的套盒外包装。

③ 出厂的产品为半成品的，留样应当密封且能够保证产品质量稳定，并有符合要求的标签信息，保证可追溯。

④ 企业应当依照相关法律法规的规定和标签标示的要求贮存留样的产品，并保存留样记录。留样保存期限不得少于产品使用期限届满后 6 个月。发现留样的产品在使用期限内变质的，企业应当及时分析原因，并依法召回已上市销售的该批次化妆品，主动消除安全风险。

三、厂房设施与设备管理

企业应当具备与生产的化妆品品种、数量和生产许可项目等相适应的生产场地和设施设备。

1. 厂房设施的管理

① 企业应当按照生产工艺流程及环境控制要求设置生产车间，不得擅自改变生产车间的功能区域划分。生产车间不得有污染源，物料、产品和人员流向应当合理，避免产生污染与交叉污染。

② 生产车间更衣室应当配备衣柜、鞋柜，洁净区、准洁净区应当配备非手接触式洗手及消毒设施。企业应当根据生产环境控制需要设置二次更衣室。

③ 企业应当按照产品工艺环境要求，在生产车间内划分洁净区、准洁净区、一般生产区，生产车间环境指标应当符合相应要求。不同洁净级别的区域应当物理隔离，并根据工艺质量保证要求，保持相应的压差。

④ 生产车间应当保持良好的通风和适宜的温度、湿度。根据生产工艺需要，洁净区应当采取净化和消毒措施，准洁净区应当采取消毒措施。企业应当制定洁净区和准洁净区环境监控计划，定期进行监控，每年按照化妆品生产车间环境要求对生产车间进行检测。

⑤ 生产车间应当配备防止蚊蝇、昆虫、鼠和其他动物进入、孳生的设施，并有效监控。物料、产品等贮存区域应当配备合适的照明、通风、防鼠、防虫、防尘、防潮等设施，并依照物料和产品的特性配备温度、湿度调节及监控设施。

⑥ 生产车间等场所不得储存、生产对化妆品质量安全有不利影响的物料、产

品或者其他物品。

⑦ 易产生粉尘、不易清洁等的生产工序，应当在单独的生产操作区域完成，使用专用的生产设备，并采取相应的清洁措施，防止交叉污染。易产生粉尘和使用挥发性物质生产工序的操作区域应当配备有效的除尘或者排风设施。

2. 设备的管理

① 企业应当配备与生产的化妆品品种、数量、生产许可项目、生产工艺流程相适应的设备，与产品质量安全相关的设备应当设置唯一编号。管道的设计、安装应当避免死角、盲管或者受到污染，固定管道上应当清晰标示内容物的名称或者管道用途，并注明流向。

② 所有与原料、内包材、产品接触的设备、器具、管道等的材质应当满足使用要求，不得影响产品质量安全。

③ 企业应当建立并执行生产设备管理制度，包括生产设备的采购、安装、确认、使用、维护保养、清洁等要求，对关键衡器、量具、仪表和仪器定期进行检定或者校准。企业应当建立并执行主要生产设备使用规程。设备状态标识、清洁消毒标识应当清晰。

④ 企业应当建立并执行生产设备、管道、容器、器具的清洁消毒操作规程。所选用的润滑剂、清洁剂、消毒剂不得对物料、产品或者设备、器具造成污染或者腐蚀。

⑤ 企业制水、水储存及输送系统的设计、安装、运行、维护应当确保工艺用水达到质量标准要求。企业应当建立并执行水处理系统定期清洁、消毒、监测、维护制度。

⑥ 企业空气净化系统的设计、安装、运行、维护应当确保生产车间达到环境要求。企业应当建立并执行空气净化系统定期清洁、消毒、监测、维护制度。

四、物料与产品管理

① 企业应当建立并执行物料供应商遴选制度，对物料供应商进行审核和评价。企业应当与物料供应商签订采购合同，并在合同中明确物料验收标准和双方质量责任。企业应当根据审核评价的结果建立合格物料供应商名录，明确关键原料供应商，并对关键原料供应商进行重点审核，必要时应当进行现场审核。

② 企业应当建立并执行物料审查制度，建立原料、外购的半成品以及内包材清单，明确原料、外购的半成品成分，留存必要的原料、外购的半成品、内包材质量安全相关信息。企业应当在物料采购前对原料、外购的半成品、内包材实施审查，不得使用禁用原料、未经注册或者备案的新原料，不得超出使用范围、限制条件使用限用原料，确保原料、外购的半成品、内包材符合法律法规、强制性国家标准、技术规范的要求。

③ 企业应当建立并执行物料进货查验记录制度，建立并执行物料验收规程，明确物料验收标准和验收方法。企业应当按照物料验收规程对到货物料检验或者确认，确保实际交付的物料与采购合同、送货票证一致，并达到物料质量要求。

④ 企业应当对关键原料留样，并保存留样记录。留样的原料应当有标签，至少包括原料中文名称或者原料代码、生产企业名称、原料规格、储存条件、使用期限等信息，保证可追溯。留样数量应当满足原料质量检验的要求。物料和产品应当按规定的条件储存，确保质量稳定。物料应当分类按批摆放，并明确标示。物料名称用代码标示的，应当制定代码对照表，原料代码应当明确对应的原料标准中文名称。

⑤ 企业应当建立并执行物料放行管理制度，确保物料放行后方可用于生产。企业应当建立并执行不合格物料处理规程。超过使用期限的物料应当按照不合格品管理。

⑥ 企业生产用水的水质和水量应当满足生产要求，水质至少达到生活饮用水卫生标准要求。生产用水为小型集中式供水或者分散式供水的，应当由取得资质认定的检验检测机构对生产用水进行检测，每年至少一次。企业应当建立并执行工艺用水质量标准、工艺用水管理规程，对工艺用水水质定期监测，确保符合生产质量要求。

⑦ 产品应当符合相关法律法规、强制性国家标准、技术规范和化妆品注册、备案资料载明的技术要求。

⑧ 企业应当建立并执行标签管理制度，对产品标签进行审核确认，确保产品的标签符合相关法律法规、强制性国家标准、技术规范的要求。内包材上标注标签的生产工序应当在完成最后一道接触化妆品内容物生产工序的生产企业内完成。产品销售包装上标注的使用期限不得擅自更改。

五、生产过程管理

企业应当建立并执行与生产的化妆品品种、数量和生产许可项目等相适应的生产管理制度。

1. 原料的存储

（1）原料储存的一般条件

① 原料仓库必须干燥、清洁、通畅，要有合适的照明和通风、防鼠、防虫、防尘、防潮等设施。严禁烟火，需配置适量的消防器。

② 生产用的原料要分区域储存。原料要离地存放，离墙 10cm 以上，离顶 50cm 以上，避开采暖设备并留出通道；有特殊储存要求的原料要按要求存放，比如需要低温储存的原料要放在冰箱中。

③ 原料信息应标识清晰。对于合格、不合格或过期原料要分别储存在合格、不合格品区，避免误用。不合格或过期原料应及时处理。

④ 易燃、易爆、有挥发性、毒性和腐蚀性的原料应储存于安全原料仓，并定期检查安全原料仓的环境变化。

⑤ 开封后的原料，应密封好，避免吸潮、氧化和污染。

（2）常见原料储存要求

① 粉类原料。粉类原料应储存在密闭的容器内，注意防潮，确保原料水分含量小于2%。粉类原料有尘爆的危险，应注意防高温、防明火、防静电。

② 油脂、天然活性原料。油脂、天然活性原料应储存在密闭的容器内，储存温度不宜超过37℃。应与氧化剂分开存放，远离火种、热源。禁止使用易产生火花的设备和工具接触原料。

③ 酸或碱。应使用特殊材质存放，避免溶剂腐蚀或酸碱反应。如三乙醇胺或柠檬酸、乳酸的存放。硼酸应装在棚车、船舱或带篷的汽车内运输，不应与潮湿物品和有色的原料混合堆置，运输工具必须干燥清洁。

④ 香精、有效物。密封保存，存放温度不宜超过20℃，不宜低于10℃。

⑤ 溶剂、挥发性油脂。原料未使用前应为带封口密闭的特殊包装，确保室内溶剂浓度达到安全限度。储存场地应采用防爆照明、通风设备，及泄漏应急处理设备和收容材料。通风设备的马达应采用封闭式。

2. 生产前

① 企业应当按照化妆品注册、备案资料载明的技术要求建立并执行产品生产工艺规程和岗位操作规程，确保按照化妆品注册、备案资料载明的技术要求生产产品。企业应当明确生产工艺参数及工艺过程的关键控制点，主要生产工艺应当经过验证，确保能够持续稳定地生产出合格的产品。

② 企业应当根据生产计划下达生产指令。生产指令应当包括产品名称、生产批号（或者与生产批号可关联的唯一标识符号）、产品配方、生产总量、生产时间等内容。生产部门应当根据生产指令进行生产。领料人应当核对所领用物料的包装、标签信息等，填写领料单据。

3. 生产过程

① 企业应当在生产开始前对生产车间、设备、器具和物料进行确认，确保其符合生产要求。

② 企业在使用内包材前，应当按照清洁消毒操作规程进行清洁消毒，或者对其卫生符合性进行确认。

③ 企业应当对生产过程使用的物料以及半成品全程清晰标识，标明名称或者代码、生产日期或者批号、数量，并可追溯。

④ 企业应当对生产过程按照生产工艺规程和岗位操作规程进行控制，应当真

实、完整、准确地填写生产记录。生产记录应当至少包括生产指令、领料、称量、配制、填充或者灌装、包装、产品检验以及放行等内容。

⑤ 企业应当在生产后检查物料平衡，确认物料平衡符合生产工艺规程设定的限度范围。超出限度范围时，应当查明原因，确认无潜在质量风险后，方可进入下一工序。

4. 生产后

① 企业应当在生产后及时清场，对生产车间和生产设备、管道、容器、器具等按照操作规程进行清洁消毒并记录。清洁消毒完成后，应当清晰标识，并按照规定注明有效期限。

② 企业应当将生产结存物料及时退回仓库。退仓物料应当密封并做好标识，必要时重新包装。仓库管理人员应当按照退料单据核对退仓物料的名称或者代码、生产日期或者批号、数量等。

③ 企业应当建立并执行不合格品管理制度，及时分析不合格原因。企业应当编制返工控制文件，不合格品经评估确认能够返工的，方可返工。不合格品的销毁、返工等处理措施应当经质量管理部门批准并记录。

④ 企业应当对半成品的使用期限做出规定，超过使用期限未填充或者灌装的，应当及时按照不合格品处理。

⑤ 企业应当建立并执行产品放行管理制度，确保产品经检验合格且相关生产和质量活动记录经审核批准后，方可放行。上市销售的化妆品应当附有出厂检验报告或者合格标记等形式的产品质量检验合格证明。

第二节 试产和变更控制

化妆品产品的试产和变更控制，旨在确保量产产品实现"三合"目标，即"合规、合格、合理"。

（1）合规 指产品本身及其生产过程要符合法律法规的要求——最主要的有《中华人民共和国产品质量法》《中华人民共和国标准化法》《化妆品监督管理条例》《化妆品安全技术规范》《化妆品生产质量管理规范》《化妆品注册备案管理办法》《化妆品功效宣称评价规范》等，确保产品对人的健康而言是安全的、注册/备案与实际生产执行的配方和生产工艺是一致的、其功效宣称是客观一致的等。

（2）合格 指产品符合国家强制性标准、或（和）企业所引用的国家推荐性标准、行业标准、团体标准、企业标准等所规定的质量指标、功能/性能指标——按标准所规定的检验方法及判定要求执行检验并作出判定。

（3）合理 指产品在符合法规要求、满足标准规定的实现过程中，所投入的硬件和软件、人员和时间、物资物料等是相对合理的，力求较低投入获得更高的产出、回报。具体表现为配方和包装配套的科学合理和高性价比，产品生产过程所采用的工艺的优化与简化、在质量保障的前提下损耗低、耗能低、用时低/效率高。

一、化妆品试产控制

试产，旨在通过适当规模的产品试制，验证设计与输出是否满足一致性，从中发现各种可能影响品质、效率的异常情况并采取对策排除。化妆品制造的试产，具体是为规范新品在量产前的中试工作，验证研发实验室小样与中试料体之间、包材供方打样与上机适度批量样质检是否有差别，测评硬件、人员、工艺与产品生产质检的匹配性，降低新产品投产风险。

（一）试产对象

① 新配方产品，以及体系、配比、组分、工艺有任一优化调整的产品。体系、组分及其配比之一有调整的按全新配方产品控制。

② 全新包装、配套的产品，以及材质、结构、工艺、规格有任一优化、调整的产品。材质、结构之一有调整的按全新包装控制。

（二）试产目的和试产方案

1. 试产目的

① 评估生产工艺与设备的匹配度，包括：配料设备与配料生产工艺、分装（灌装、包装）设备与分装生产工艺之间的匹配性。

② 评估、验证/优化工艺路线及参数：通常在实验室打样前，研发工程师已根据所设计的配方的体系类别、特点，结合实践经验拟定各阶段的试产生产工艺，包括对应的工艺参数（如配料的加热/冷却温度、搅拌/均质的速度和时间等）。

③ 评估、验证防腐能力。

④ 评估、验证料体稳定性。

⑤ 评估、验证料体与内包相容性。

⑥ 测评料体肤感。

⑦ 测评料体功效。

⑧ 测评包材与设备的匹配。

⑨ 其他，或（和）上述之一、多个或全部。

2. 试产方案

根据试产的目的，确定试产的测评方案，常见内容有：

① 前批合格，再试下批。

② 试产过程指导＋观察记录＋评估确定/优化调整工艺。

③ 试产稳定性测评（寒热交替/寒热分开/两者同时）。

④ 试产料与内包相容性测评（寒热交替/分开独试/其他）。

⑤ 仪器（内测/外测）。

⑥ 员工试用。

⑦ 店内试用。

⑧ 其他，或（和）上述之一、多个或全部。

（三）试产分类

试产，是指产品正式投产前的试验，即中间阶段的试验，是产品在大规模量产前的试验性生产。试产不是一次性的验证行为，而是一个从小批量验证到逐渐放大产品验证数量的循序渐进的过程。

按产品开发的阶段（先后顺序）可分为：小试、中试、大试。也可分为：新品试产、配方升级、工艺优化、包装优化。还有一种特殊情形——批量变更的试产。表 2-1 为试产分类表。

表 2-1　试产分类表

阶段	投料量/kg	设备	主导人员	参与人员
小试	0.5～10	实验设备	研发	工艺技术/质量
中试	50	中试设备/量产设备	研发	工艺技术、生产、质量
大试	≥100	量产设备	研发→技术	研发/工艺技术、生产、质量
量产	按需	量产设备	技术→生产	工艺技术、生产、质量

注：表中的投料量，是以常见的膏霜、乳液为例，给出的一个建议量。在实践中应根据料体的生产工艺的难易程度、常见同类产品的标注净含量、料体单价等综合确定。生产工艺越难，试产应越谨慎，须逐步放大。常见同类产品的标注净含量大的，每个阶段的试产投料量均可相对多一些（如护肤水、身体乳、洗发露、沐浴露等），反之则应少一些（如眼霜、眼啫喱、祛痘膏等）。通常情况下，料体单价与单支（瓶）的标注净含量基本上成反比，高价值的一般单支净含量小，反之则净含量较大（如沐浴露）。

1. 小试

小试是产品的配方和工艺走出实验室的第一步，初步验证可生产性。小试可能包含一次或数次生产，重点验证实验室确定的工艺在实际生产环境中的可行性。原则上试产量在 2～5kg 较为适宜（以常见膏霜乳液为例，下同）。实验室用烧杯，小试则用小试锅来做。一是量已经放大，不适合再用烧杯；二是采用与设计生产工艺相匹配的小试锅，才有助于实现对生产工艺可行性的适当放大验证。

2. 中试

中试是针对设备及工具、物料特性及配套、工艺路线和作业细节、制程监测和检测、内控标准的验证，主要验证工艺可行性、可优化性以及批量生产可操作性、内控标准的稳定可达成性，直到无明显/不确定差异、效率效益和质量目标无未达成项为止。应采用与设计生产工艺相匹配的配料锅进行中试。比如膏霜乳液产品，宜在适当容量的配有水相锅、油相锅的真空乳化锅中进行。若简配可根据乳化体系（W/O 或 O/W）省去油相或水相锅（只需水相或油相锅，配真空乳化锅）。

3. 大试

大试主要对设备及工具、物料特性及配套、工艺路线和 SOP（标准操作规程）、内控标准、制程监测和检测以及相关文件进行全面验证，以品质可靠性、作业可行性验证为主，直到生产质量管理成本、合格率到达产品开发设计目标为止。应完全按照正式量产的设备配置来执行大试。

4. 试产投料量

与正常量产的投料量对设备标称容量的要求一样，试产拟投料量一般情况下应采用 1/2～2/3 的标称容量，可结合试产目的、方案和设备特性（主要是均质形式——上均质还是下均质，搅拌循环模式——内循环还是外循环等）来确定该试产设备所适宜的投料量。

（四）试产控制

1. 试产前准备

每一环节的试产，均应由产品开发部门组织编制试产计划、方案，落实试产需要的设备、环境、仪器、人员的需求计划与配置准备，组织编制试产需要的相关工艺、技术文件。主要包括以下内容。

① 分析研判，确定配料、分装各环节质量控制点或关键控制点，明确具体控制要求，并拟制或纳入对应的 SOP、作业规范。

② 确认新准入原料、包材的内控标准。

③ 新设备（为新品开发的新模具、增加的设备新功能或软件升级程序等）的调试和设计技术参数验证，设备调试和评审记录表。

④ 设备、环境的消毒作业规程和记录表。

⑤ 料体生产所需的试产用 BOM（试生产的产品配方）、料体内控标准、称料记录表，配料试生产工艺、投料记录表、生产工艺记录表，清场及物料平衡表单/记录表。

⑥ 产品分装所需的试产用 BOM、分装作业规范、物料领用记录表、物料预处理（含消毒）记录表，灌装/包装首件确认、制程检查记录表，清场及物料平衡表单/记录表。

⑦ 各种取样、检验监测记录表。

⑧ 其他相关记录表。

2. 试产前评审

试产前，应对试产方案展开必要的评估、评审，确认以下事项。

（1）研发部门确认

① 试产用的配方是否通过合规性审查。若涉及配方、工艺的优化调整，则务

必依照相关法规要求对备案/注册相关内容展开合规性审查。

② 确认试产用的配方（配料的配方、包装的物料配套表）、检验标准（半成品-料、成品标准）、标样（半成品-料的标样，成品-各配套包材和组装成品的标样）、工艺指导书（配料生产工艺、包装作业 SOP）是否签发到位。

③ 若涉及新原料试用，在新原料入库前应签发原料内控标准和标样。

④ 小试之后的试产环节，须确认防腐挑战测试是否通过，产品稳定性（含料-内包相容性）测试是否通过，均以正式签字文本为凭。

⑤ 确定是否安排对应的研发工程师或技术人员亲临现场做技术指导，处理可能突发的生产技术异常情况。

（2）技术部门确认

① 复核审查各生产工艺文件，结合生产环境、设备、工具，评估生产工艺的可行性和可靠性，确认测试报告内容，评估试产用的内控检验标准和试产用标样的合理性。

② 若涉及配方、工艺的优化调整，应特别注意复核该优化调整是否合规。

（3）生产部门确认

① 设备、人员（主要指其技能水平）与拟试产配方及其终产品的生产所需是否匹配。

② 当前（拟安排试产日期、时段）的生产环境是否满足。

③ 所需拟用设备、工具等是否正常，比如配料设备状态（真空度、均质、加热、搅拌等）是否正常，操作是否可行。

④ 配制、分装的生产工艺文件、SOP 是否到位，操作是否可行。

⑤ 标样是否到位且已沟通确认。

（4）质量部门评审

① 评审研发部门所确认、提供的内容。

② 重点评审合规性以及标准的科学性、先进性、保障性。

（5）PMC（计划物控部）部门确认

① 物料配套情况：配方所需原料、包装部门所需的内外包材是否均已如期按量到货且均合格。

② 试产所得半成品-料、产成品（或部品）是否已经做了既定安排。

③ 是否取半成品-料或产成品若干，交研发部门作观察、研究使用。

④ 确认试产的时间安排是否满足项目进度所需。

⑤ 试产料体，若全项检验合格，要确定分装的时间节点。如安排检验合格后分装包装为成品或等其通过稳定性测评再安排分装。

⑥ 成品检验合格后的处置方法，如：正常出货，还是留库几天复检合格才出货，或者需要留库观察若干天后转福利发放内部员工，或者作其他安排。

表 2-2 为产品试产审批表样例。

表 2-2　产品试产审批表

测试产品名称			产品编码		配方编号		试产类型		申请日期	
申请试产出料量/kg		配方师		现场技术指导人		配料设备参数要求				
试产目的				拟用配料锅号						
试产批次	拟试　　批，本次第　　批。			执行标准号-年号						
测试指标	外观		香型		黏度/Pa·s	密度	pH	离心	耐热	耐寒
内控标准										
测试内容			测试方案							
	□取半成品　　g/□支成品交研发部作　　　　用。□取成品　　支交产品部。							研发经理/日期:		
技术部	设备是否匹配			□是，□否:			技术经理/日期:			
	配方是否发生调整			□是，□否:						
	工艺是否发生调整			□是，□否:						
	试产料体稳定性是否符合			□是，□否:						
	防腐挑战测试是否通过			□是，□否:						
	稳定性测试是否通过			□是，□否:						
	工艺是否可行			□是，□否:						
	全项检验合格: □安排分装　□通过稳定性测评再分装									
生产部	设备状态（真空度、均质、加热、搅拌等）是否正常						生产经理/日期:			
	操作是否可行									
	分装设备是否匹配									
	分装作业规范是否完整、可行									
	标准标样是否到位且已沟通									

	审评内容	已落实日期	必要说明/待定事项落实日期	验证人	QA 经理意见
品管部	原料内控标准				
	原料标样				
	半成品标准（试产用）				
	半成品标样（试产用）				
	防腐挑战、稳定性测试报告是否提供				
	分装试产标样				
	分装作业规范（试产用）				
	配方（试产）合规性、备案/注册相关				
	配方（试产用）、工艺指导书（试产用）				

	成品合格	□正常出货；□留库_____天合格出货；□留库观察_____天后转福利发放；□其他：_____。	质量总监审批			

	原料齐套		料体试产			包材齐套		分装试产		备注
PMC安排	原料款数	齐套日期	试产日期	数量/kg	锅号	齐套日期	数量/件	试产日期	数量/件	

评审/日期：				PMC 经理/日期：						

3. 试产跟进和输出评审

试产过程中，须认真确认上一环节试产所得料体、选用的包材是否已通过防腐挑战测试、稳定性测试和相容性测试。

同时，应关注是否已组织消费者使用调查，并获得设计所设定的目标或要求。牵头部门应及时协调试产中存在的技术问题，分析故障、不良产生原因，研讨对策措施并跟进实施、验证。

对试产过程中的设备、器具进行验证，完成故障维修及数据分析；对试产过程中出现的问题进行分析、提报，并跟踪问题的解决进度，在试产结束后组织编写试生产报告，组织试产评审。

在试产过程中任一批次出现既定生产工艺与实际不符（原工艺须作重大调整

后方可执行)、既定产品质量标准任一指标未能满足或生产效率与既定目标存在明显差异等情况时，须暂停试产，召集相关部门、岗位人员，研判相关技术文件和过程记录，分析原因、拟定相应的对策措施。要在确认找到了根本原因或主要原因，找到了可行的解决措施后，方可重启试产。必要时，应返回上一环节验证对策措施中的新内容。同样，因故暂停的试产在重启前，应经必要级别的审批。

完成既定试产计划内容，归集试产所形成的文件资料和记录，组织展开评估评审。

审评的重点是产品的质量合规合格、工艺的科学可行和可靠、效率目标的合理达成，同步须注意检查、复核、确认各类技术文件、表单记录是否客观真实、全面完整、合理合规。

通过评审，报批生产的转正(属变更控制所要求的测试或验证性试产，则通过评审后即可批准其予以变更)，输出满足批量生产的生产工艺文件，包括配方和配料生产工艺、成品 BOM、产品分装规范、分装作业指导书、标准工时和产能表、半成品(料体)检验标准、半成品料标样、成品检验标准、分装(成品)标样等。

同步，做好试产文件的整理和归档。连同产品的功效测评、安全性评估等作业的成果，完成产品定型。

产品定型，即可进入产品的备案(普通化妆品)或注册(特殊化妆品)程序。

二、化妆品配方工艺的变更控制

按照 ISO 22716 的定义，"为确保生产、包装、控制、储存符合接收标准，组织所作的内部机构、职责与 GMP 内容有关的任何计划的变动"，是为"变更控制"。并明确规定"任何会影响产品质量的变更均应经过批准，并需要有足够的数据作为变更的依据"。

在《化妆品生产质量管理规范》中，明确要求质量管理部门负责人协助质量安全负责人履行与产品质量相关的变更等管理活动的职责。

《化妆品生产许可检查要点》第 94 点规定的检查项目是"当影响产品质量的主要因素，如生产工艺、主要物料、关键生产设备、清洁方法、质量控制方法等发生改变时，应进行验证"。

(一)变更失控可能引发的不良后果

因变更失控可能引发的不良后果主要有以下几方面。

1. 合规问题

① 实际生产使用的产品配方、生产工艺，与注册或备案时提交的不一致。

② 实际包装的标注(品名、成分、执行标准、注意事项、使用说明等)，与注册或备案时提交的不一致等。

2. 质量问题

① 产品防腐能力未能满足量产生产环境要求，或消费环节防御二次污染的要求。

② 产品的稳定性未能达到设计预期目标，或不能通过稳定性测试评估。

③ 产品的功能功效未能达到预期设计要求。

④ 产品包装的相关指标（外观、结构、防护能力等）不达标等。

3. 生产问题

① 与设备、工装模具的不配套，导致产品上市延迟甚至失去市场机会（特别是一些个性产品或季节性产品，如防晒产品等）。

② 物料采购延迟，打乱生产计划，直接影响交期。

③ 工艺路线被动调整，生产效率打折、生产成本增加。

注意，上述仅列举了几个最常见的因变更失控导致的不良后果，在实际生产中，应具体原因具体分析。

《化妆品生产许可检查要点》第94点规定对"变更验证"的评价方法为"检查是否有关于质量影响因素变更的验证管理规定；检查相关验证报告，验证结论是否符合要求。当验证结论不符合时是否有采取措施进行调整，并重新进行验证"。

可见，对变更的控制关键点在于是否存在影响产品质量的因素。本书着重讨论化妆品产品的配方和工艺的变更控制，因为配方所用原料种类的增删、任一原料用量的增减，生产工艺的调整［比如投料顺序、关键参数（如温度、搅拌/均质的速度、时长、压力或真空度）等］，首先会造成生产工艺或配方与产品注册或备案内容不符，包装标注与产品注册或备案的内容不符，甚至是三方面的互不相符；其次可能产生产品的防腐能力、品质稳定性、功效可靠性、物料包材相容性等方面的问题。

因此，配方和（或）工艺的变更，应执行评估、审批制度。

（二）变更控制的核心——变更评审

围绕上面所分析的内容，列出拟变更对象的变更前、变更后的详情（质、型号、数量或重量等尤为关键），涉及成分（原料）的，须由安全评价、法规法务（含注册/备案）等人员展开评估审查。

1. 涉及配方成分增删的评审

配方用到的原料种类有增加或减少的，直接影响有：

① 原备案、注册失效。须经安全性、稳定性等一系列评估验证后，按《化妆品注册备案管理办法》的规定作为新产品按照《化妆品注册备案资料管理规定》的要求准备资料、重新注册或备案，若原备案/注册未注销，则不能再用原品名提报、递交备案/注册。

② 如果新增原料尚不属于国家公布的已用原料目录范围的，则还须按《化妆

品新原料注册备案资料管理规定》先完成新原料的注册或备案，再进行新产品的备案或注册。

③ 按照《化妆品安全评估技术导则》展开安全性评估，按照《化妆品功效宣称评价规范》展开功效性评估，依企业内控标准展开稳定性、防腐挑战等测试和评估。根据变更前后原料种类和用量，初评展开试验测评的必要性，进而根据资料审评和（或）试验测试/验证结果，给出终评意见，提报决策领导审批，即是否需要进一步验证，包括展开逐步放大的试产验证等，是否直接变更等。

配方用料的种类无变化，仅其中一个或多个原料的用量发生变化，也会造成以下影响。

① 用量增减导致标识成分（按添加量从大到小）排序改变，则原备案、注册失效。

② 在不影响成分排序的情况下，若功效性、安全性不受影响，则原备案有效。对特殊化妆品则还须进一步评估，甚至检测特殊功效成分，比如防晒指数等。

③ 即使不影响前述两点，还须充分考评该变更对产品的稳定性、防腐能力，与生产设备的匹配性等方面的影响。特别是乳化剂、防腐剂的用量减少或者变更会导致料体更稠、黏度更大（将对配料的尾段工艺，如搅拌、真空脱泡的硬件要求、工艺条件产生直接影响），或料体变稀、黏度更低（可能对灌装设备甚至包装材料都产生新的要求）。

2. 生产工艺变更的评审

没有配方用原料的种类、用量的增减，仅仅是投料的先后顺序和（或）时机乃至投加速度、加热或降温的温度和（或）速度、搅拌/均质的速度和（或）时间、真空或加压的大小等有所变更，则评审仍然要从两个大的维度展开。

（1）合规性　按照《化妆品注册备案管理办法》《化妆品注册备案资料管理规定》，在产品的注册、备案时递交的资料中有产品的生产工艺。如果拟变更后的工艺与递交工艺在工艺路线、关键控制点等处有明显的不同，则应按要求重新递交相关资料。

递交的资料应该是由企业完成可靠性、可行性验证，以及产品的稳定性等评审或验证的。

如果只是一些微调，只要与注册/备案时递交资料无本质变化、没有明显差异，则可考虑直接核准变更。

（2）合格性　从产品的稳定性、防腐能力、功效性三个维度来评估工艺变更可能给产品带来的影响。其中影响最直接和最大的，当属产品的稳定性、防腐能力。在具体工作中，应由企业的质量部门、研发部门、技术部门会审：按照配方体系、配方防腐体系、功效成分和技术路线的顺序，参照最接近的成熟产品（或失败产品）进行比对，作出初步判断进而决策直接核准变更，或者安排试产、测评，通过后再准予变更。

3. 其他相关变更的评审

除配方成分种类和用量增删（通常必然引发生产工艺的变更）、生产工艺变更之外（无成分增减时的），有如下两种变更也须纳入控制。

（1）投产批量变更　经试产、测评核准量产的产品，通常会确定其单锅合理批量。这个批量是经批量逐步放大、连续试产验证后确定下来的。它往往与对应的设备和生产工艺具有相对的匹配关系，一旦批量变化，对生产工艺则可能带来影响。比如，作为溶剂使用的纯水（或者其他常温时呈液态的原料），在大批量时分拆出来分别预先溶解其他的固体原料，分拆量的区间是比较大的，或许取其20%就够溶解之需，但是批量变小之后可能需要30%甚至40%。诸如此类因批量的不同而触发的生产工艺上的同步变化，是需要技术部门密切跟进的，自然需要纳入控制，在变更实施前评审乃至测试。

批量变更还可能导致原来适用的设备不再适用。批量与设备的基本匹配关系是：小量用小锅、大量用大锅，批量原则上不得少于设备额定容积的 2/3，极限是低至 50%。这主要是由配料设备的搅拌桨、均质机的位置、结构和工作原理所决定的。如果批量相较配料锅的额定容积太小，会导致搅拌、均质不均匀，无法达到理想的乳化效果等。

通常在作业标准化程度、生产工艺精细程度都高的企业，才会重视这类变更。

（2）生产设备变更　生产工艺是基于料体体系（含所用原料的理化形状，特别是黏稠度、固体溶解特点、是否粉尘状态、对真空的要求等）和设备结构（主要是搅拌结构方式、均质机位置、料体循环方式），在试产中不断调整、优化所得。

因此，当从原匹配的设备类型中选取其他设备来生产时，须先作工艺、技术的评估。此前的设备能满足工艺所需，并不代表同类型的设备就一定可行。

执行严谨的试产，批量由小到大，旨在将可能发生的各种设计时未曾考虑到的问题，实际情形与设计存在差异甚至背离等诸多异常，在成本可控的范围内逐一解决，同步优化工艺路线、调整工艺的细节，使之具备量产的可行性、可靠性。

采取严格的变更控制，是为了避免产生合规性问题、产出不合格产品，导致生产的可行性得不到满足等诸多问题，以便在合规风控、品质保障和标准化建设等方面为企业保驾护航。

第三节　化妆品生产记录的填写

一、生产记录及保存期限

① 与化妆品生产质量管理规范有关的活动均应当形成记录。记录应当及时、

真实、准确、完整、规范、清晰易辨认、不易被篡改，相互关联可追溯，不得随意更改，更正应当留痕并签注更正人姓名及日期。

② 记录的保存期限不得少于产品使用期限届满后 1 年，产品使用期限不足 1 年的，记录保存期限不得少于 2 年。记录应当有序存放，标识清楚，易于查找调取。

③ 每批产品的记录应当包含所使用的物料的名称和批号，名称应当使用《已使用化妆品原料目录》（2021 年版）中的规范名称。

④ 采用计算机（化）系统生成或者保存记录或者数据的，应当符合化妆品生产电子记录要求的规定。

二、记录的主体和要求

① 生产记录的主体是指生产操作过程中的相关人员。生产记录的人员是指生产操作过程中的实际操作人员、复/审核人员和审批人员。

② 生产记录的要求是指生产记录的内容必须做到及时、真实、准确、完整、规范、字迹清晰易辨认、不易被篡改、相互关联可追溯。

三、批生产记录与生产记录的要素

1. 批生产记录

批生产记录是指记录一个批号的产品制造过程中使用的原辅材料与所进行操作的文件，包括制造过程中控制的细节，简称 BPR（Batch Process Record）。

2. 生产记录的要素

生产记录的要素包括：产品的名称、数量、规格、生产批号，生产的时间和日期，使用的原辅料数量、批号、检验依据，使用的主要设备的说明和编号，每个批次特定的认证，重要参数的真实结果的记录、完整的取样及结果，每个直接或间接管理或检验操作中的每一个重要步骤的人员签名以及复核人员签名，适当阶段或时期的真实收率和利用率，成品包装和标签的使用情况与销毁等。

四、生产记录填写要求

① 生产过程的各个部门应当按照程序文件、管理制度、作业指导书、操作规程等的要求，做好相对应的记录，涉及的部门包括行政部、采购部、生产部、质量部、仓储部、销售部、售后服务部等。

② 生产记录涉及生产前记录、配料记录、灌装记录、包装记录、销售记录等。

③ 生产前记录包括生产计划单、生产指令单、生产配方及生产工艺单、采购订单、包材进仓单、包材请检单、包材检验报告、包材放行单、原料进仓单、原料请检单、原料检验报告等。

④ 配料记录包括配料生产指令单、原料领料单、配料称量记录、配料操作记录（含物料平衡和清场记录）、原料退料单、半成品请检单、半成品取样记录、半

成品检验报告、半成品放行单等。

⑤ 灌装记录包括灌装生产指令单、包材领料单（含内包材和外包材等）、内包材消毒记录、灌装使用料体领料单、灌装生产记录（含物料平衡和清场记录）、首件确认表（灌装、净含量）、灌装巡检记录等。

⑥ 包装记录包括包装生产指令单、包装生产记录（含物料平衡和清场记录）、首件确认表（包装）、包装巡检记录（含喷码/打码等）、包材退料单、成品请检单、成品取样记录、成品检验报告、成品放行单、成品入库单等。

⑦ 销售记录包括销售单、成品出库单、车辆卫生状态检查表等。

⑧ 每一批的生产记录，必须注明这一批产品的名称、规格、批号、数量等。清楚记录好生产过程中，每一个环节涉及的原辅材料、中间产品及成品的数量变化，时间顺序的真实衔接，操作过程中实际操作人员的签名、复核和审核，确保每一个环节能够在生产全过程中得到清晰的追溯。

五、生产记录的示例

表 2-3～表 2-11 为 9 个生产记录示例表。

表 2-3　物料发放记录表

编号：

代码：				物料名称：			
入库时间	入库数量	批号	出库时间	出库数量	库存剩余	操作者	备注

审核人：

表 2-4　产品发货记录表

编号：

发货日期	品名	批号	客户名称	货运公司名称	发货单号	发货数量	车牌号	车辆卫生情况	记录人
备注：									

审核人：

表2-5 生产指令

车间：配料　　　　　　　　车间班次：　　　　　　　　配料日期：

产品名称		生产批号		备注	
规格		批生产量			
执行标准及文件					
生产流程					
生产配方	原物料名称	单位	单锅需求量	批需求量	备注
备注					
制表人		审核人		批准人	
制表日期		审核日期		批准日期	

审核人：

表2-6 批生产记录（生产前）

配料日期			生产批号		批生产指令锅数		规格：kg/锅	
时间	工艺过程	工艺要求	操作结果				操作人	复核人
至	生产前确认	1. 确认有上批生产后的清场合格证副本，并在有效期内	是否符合　是□　否□					
		2. 确认配料现场无与本批生产无关的物料、文件及记录	是否符合　是□　否□					
		3. 确认配料所用的各机器设备已清洁并在有效期内	是否符合　是□　否□					

至	生产前准备	1. 根据批生产指令核对物料名称、批号、数量	物料名称	期初留存数		接收物料		合计数量/kg	操作人	复核人
				物料批号	数量/kg	物料批号	数量/kg			
		2. 计量器具电子秤在校验周期内	电子秤编号： 有效期至： 电子秤编号： 有效期至：							

审核人：

表 2-7　批生产记录（生产中）

配料日期		生产批号		批生产指令锅数		规格：kg/锅	
批实际生产锅数		备注					

时间	工艺过程	工艺要求	操作记录	操作人	复核人
至	配料后清场	1. 工作区与下批生产无关的物料、文件及记录已清离现场	是否符合　是□　否□		
		2. 生产区设备、仪器及工作台、房间已清洁	是否符合　是□　否□		
		3. 清场后已有清场合格证	是否符合　是□　否□		

续表

至	配料物料平衡	原料名称	本批合计接收数量/kg	实际用量/kg	标准用量/kg	盘盈亏量/kg	物料平衡限度/%	本批期末留存数/kg	去向		
									□1. 移交下一批生产		
									□2. 退回生产仓		
									□3. 其他：		
	物料平衡限度范围：　　　%　物料平衡限度＝实际用量/标准用×100%										
	偏差说明：										
	废弃物处理		废弃物名称及数量：					处理方式：按《产品防护控制程序》操作，移交总部处理			

审核人：

表 2-8 包装材料消毒记录表

包装材料名称	消毒方式	材料批号	数量	消毒时间	消毒日期	操作人	确认人	备注

审核人：

表 2-9　生产设备消毒记录表

消毒日期：

序号	设备编号	消毒剂名称	消毒剂标识（包括有效期）	消毒剂用量	消毒液浓度	消毒剂配置是否准确	温度/℃	消毒起止时间	操作人	确认人

审核人：

表 2-10　首件确认记录表

班次：　　　　　　　　　　产品名称：

生产日期	时间	包材与产品是否对应	确认人	生产批号	包装内容物是否正确	确认人	产品净含量重量标准	确认人	复核人

说明：复核人为本组组长或领班。

审核人：

表 2-11　物料平衡检查记录表

编号：

车间			产品代号				产品名称			
生产批号			配料日期				分包装日期		年　月　日至年　月　日	
包材类	序号	包材名称	单位	上批留存量	本批领用量	合格产品用量	不合格产品用量	损耗量	取样量	留样量	剩余量	平衡率/%
	计算公式：（合格产品用量＋不合格产品用量＋损耗量＋取样量＋留样量＋剩余量）／（上批留存量＋本批留存量）×100%											

成品类		投料量（批投入净重合计）/kg							
成品类	产出量	合格产品量/kg	不合格品量	半成品/kg		检测取样量		半成品/kg	
成品类	产出量	合格产品量/kg	不合格品量	成品/kg		检测取样量		成品/kg	
成品类	产出量	废料量（移交废料量，以移交单数据为准）/kg	留样量/kg			尾料量（当批未生产完的数量，以称重量为准）/kg			
成品类	产出量	其他（如各部门领取的料）/kg	成品物料平衡率/%						
成品类	产出量	计算公式：（合格产品用量＋不合格品量＋废料量＋取样量＋留样量＋尾料量＋其他）/投入量×100%							
偏差	偏差说明：								

组长：　　　　　　　　　　　　　　部门主管：

第三章　消毒与卫生管理

第一节　纯水系统的消毒与维护

护肤、洗涤类化妆品在生产过程中，通常要添加大量的水，这种水必须是经过严格处理，除去细菌、杂质后达到化妆品生产要求的纯水。

化妆品用纯水，是城市生活用水（也就是自来水）在经过特定设备处理后得到的。自来水在这里也称原水。将自来水转化为纯水的设备，通常简称为纯水设备或纯水系统。其中采用的一项重要技术是反渗透（Reverse Osmosis）技术，简称 RO。反渗透技术现在普遍地用于纯水系统。

一、反渗透

渗透指的是水分子经半透膜由低浓度溶液渗入高浓度溶液，直到半透膜两边水分子达到动态平衡的现象。

如果水分子透过半透膜由高浓度溶液渗入低浓度溶液，就叫反渗透，或叫逆渗透，这种半透膜为反渗透膜。反渗透是和渗透现象相反的一种现象。

反渗透装置是纯化水生产线的主要部分。反渗透膜上的微孔极小，是细菌、病毒尺寸的几千分之一，能去除水中细菌、病原体，截留水中的各种无机离子、胶体物质和大分子溶质，从而制得纯净的水。

在纯水生产过程中，首先要对自来水（原水）进行预处理。

二、预处理

预处理的主要目的是全部或部分去除原水中的悬浮物、微生物、胶体、溶解气体及部分有机物，为后处理工序创造条件。预处理设备主要有：多介质过滤器、活性炭吸附过滤器、精密过滤器。

（1）多介质过滤器　填料为石英砂，作用是去除水中的悬浮物、胶体、铁锈、大颗粒杂质及部分水中微生物（如红虫等）。原水在经过多介质过滤器时，过滤器中放置的精制石英砂会截留原水中的絮凝体、铁锈等悬浮杂质。

（2）活性炭吸附过滤器　主要作用是去除异色、异味、余氯和有机物、部分重金属，去除石灰质等杂质，提高水的澄明度。

有些纯水系统还有离子交换树脂过滤器，其作用原理是用树脂中的钠离子替换水中的钙、镁等二价或高价离子，这个过程也称为软化。因此，装有离子树脂过滤器的水处理系统可以用来降低水的硬度。

（3）精密过滤器　精密过滤器又称为保安过滤器。它是原水进入反渗透膜装置前的一道处理工艺，可阻截不同粒径的杂质颗粒，集表面过滤与深层过滤于一体，主要是防止设备在运行过程中，多介质过滤器和活性炭吸附过滤器中的细小颗粒及粉末进入反渗透装置。这种细小颗粒及粉末在进入反渗透装置后，会影响反渗透膜的使用寿命。

三、纯水系统的使用

将自来水（原水）制成化妆品用纯水的生产工艺流程如下：原水→原水泵→多介质过滤→活性炭吸附过滤→软化过滤→精密过滤→一级反渗透装置→中间水箱→二级反渗透装置→紫外线杀菌→出水。

1. 预处理操作

开机前，彻底冲洗预处理部分。在确保原水不会进入膜元件的条件下，冲掉杂质和其他污染物。

（1）多介质过滤器操作　开启原水泵，运行时多介质过滤器内必须完全充满水（多介质过滤器每运行2～3天，需反洗1～2次）。

（2）活性炭过滤器操作　在多介质过滤器处于运行状态下，开启原水泵。运行时，活性炭过滤器内必须完全充满水。

备注：①活性炭过滤器每运行3～5天，要进行反洗，清除被吸附的杂质等；②复合膜不耐余氯，活性炭过滤器的作用是除余氯，因此绝不能用未经过活性炭过滤器的水进入反渗透膜，否则膜的损坏将无法恢复；③精密过滤器的滤芯一般90天或每个过滤器的压力降大于0.1MPa时更换或清洗一次。

2. 反渗透装置的运行

运行前确保反渗透的各项准备工作已完毕，预处理系统各阀门处于运行状态。

（1）全自动开机

① 一级反渗透。一级压力调节阀开45°，淡水阀、浓水阀开，电源开关指向开，增压泵、一级高压泵和加药泵开关指向自动，运行方式按钮拨向自动，装置自动起动。调节一级压力调节阀和浓水阀，使流量达到额定值。

② 二级反渗透。二级压力调节阀开45°，淡水阀、浓水阀开，电源开关指向开，二级高压泵开关指向自动，运行方式按钮拨向自动，装置自动起动。调节二级压力调节阀和浓水阀，使流量达到额定值。

（2）手动开机

① 一级反渗透。一级压力调节阀开45°，淡水阀、浓水阀开，电源开关指向开，增压泵、一级高压泵和加药泵开关指向手动，运行方式按钮拨向手动，装置自动起动。调节一级压力调节阀和浓水阀，使流量达到额定值。

② 二级反渗透。二级压力调节阀开45°，淡水阀、浓水阀开，电源开关指向开，二级高压泵开关指向手动，运行方式按钮拨向手动，装置自动起动。调节二级压力调节阀和浓水阀，使流量达到额定值。

备注：①自动时，各泵运行受各种罐的液位条件控制，条件满足时即自动开启；②手动时，各泵运行不受各种罐的液位条件控制；③电磁阀在设备累积运行2h后，自动开启冲洗2min；④各加药装置的药液浓度应每次相同，加药泵调节完毕后勿随意变动。

（3）关机

① 增压泵、一级高压泵、二级高压泵和加药泵开关指向停止，电源开关指向关闭。

② 预处理控制是手动的：关闭原水桶前的自来水进水阀。

③ 预处理控制是自动的：关闭一级泵前的原水进水阀。

备注：①预处理若是自动控制，则主机电源需24h通电，即RO的总电源不能关闭，但面板上的电源开关可以关闭；②纯水系统有大有小，规格和处理方式会有所不同，不同厂家的纯水系统的操作方法可能会有所差别。

四、纯水系统的消毒、灭菌

自来水中除含有一定量的杂质（如钙、镁、钠、铁等金属离子以及有机物）外，还会含有细菌与病原菌之类。

微生物和病原菌会对产品的安全性产生危害，存在使产品发霉、变质的风险。经过纯水系统处理而制得的纯水，可能会含有一定数量的微生物和病原菌，经过一定时间，这些微生物和病原菌会因繁殖而变得越来越多，有引发产品发霉、变质的风险，所以纯水系统要定期进行灭菌处理。消毒、灭菌的位置，主要是纯水系统的管道、储水罐。

从安全、常用的角度，目前主要有以下几种灭菌方法。

1. 高温灭菌

用高温介质对管道和储罐内存在的微生物和病原菌进行灭菌处理，效果理想。采用121℃、103.43kPa的水蒸气维持15～30min进行灭菌，具体方法为：将管道和储罐内的水排放干净后，分别向管道和储罐中通入上述水蒸气。

2. 臭氧灭菌

臭氧灭菌法是对纯水系统定期进行的一种灭菌方法。在纯水出水口管道处（靠近反渗透膜的位置）安装臭氧发生器，当要对管道和储罐进行灭菌消毒时使用。

操作方法如下：

① 停止纯水制水，保证储罐中有一定量的纯水；

② 开启循环，让纯水在管道与储罐中来回循环；

③ 开启臭氧发生装置，将臭氧溶解到纯水中，再导入循环的管道中，循环约2h；

④ 将溶有臭氧的循环水用喷淋头喷洒在储罐内壁上，确保均匀喷满整个储罐

内壁；

⑤ 最后要将管道、储罐等设备中溶有臭氧的水排放干净。

3. 药物灭菌

消毒、灭菌的药物有多种，如过氧化氯等，市面上均有销售。可按使用说明书配制成溶液进行操作，这里不多做介绍。

五、纯水系统的维护

纯水系统主要是采取过滤、反渗透等方法将自来水净化为纯水的装置。经过一段时间的使用，自来水中的各种杂质会越积越多，因此要对系统进行定期有效的维护和保养。各装置的维护方法如下。

① 多介质过滤器。每运行 7 天，反冲洗 10～15min；1～3 年更换一次过滤介质。

② 原水过滤器。一个月清洗、消毒，更换一次过滤介质。

③ 活性炭吸附器。每运行 7 天反冲洗 10～15min，1～3 年更换一次活性炭。

④ 滤壳内装 PP 滤芯。30 天更换一次滤芯。

⑤ 反渗透膜。一个月一次反冲洗，18～36 个月更换一次 RO 膜。

⑥ 阴阳树脂再生。一个月一次，2～4 年更换一次离子交换树脂。

⑦ 阳离子过滤装器装置。一个月再生一次，2～4 年更换一次阳离子交换树脂。

⑧ 反渗透膜前过滤器。一个月清洗消毒一次，1～3 年更换一次过滤介质。

⑨ 纯水储罐前过滤器。一个月清洗消毒一次，1～3 年更换一次过滤介质。

第二节　微生物及污染控制

微生物是肉眼难以看清，需要借助光学显微镜或电子显微镜才能观察到的一切微小生物的总称。微生物通常包括细菌、病毒、真菌以及一些小型的原生生物、显微藻类等在内的一大类生物群体，它们个体微小，与人类关系密切。微生物包含有益、有害等众多种类，广泛涉及食品、医药、工农业、环保、体育等诸多领域。

微生物通常被划分为细菌、病毒、真菌、放线菌、立克次氏体、支原体、衣原体、螺旋体，共八大类。病毒是一类由核酸和蛋白质等少数几种成分组成的"非细胞生物"，但是它的生存必须依赖于活细胞。

微生物通常具有如下特点。

（1）体小面大　微生物的体积小、比表面积大，有巨大的吸收面、排泄面，有利于信息交流，因而对环境敏感。这个特征也是赋予微生物其他特性（如代谢快等）的基础。

（2）吸收多、转化快　微生物通常具有极其高效的生物化学转化能力。由于微生物的比表面积大得惊人，所以与外界环境的接触面特别大，这非常有利于微生物通过体表吸收营养和排泄废物，使它们的"胃口"十分庞大。据研究，乳糖菌 1h 内能够分解相当于其自身重量 1000～10000 倍的乳糖。

（3）生长旺，繁殖快　相比于大型动物，微生物具有极快的生长繁殖速度。例如，大肠杆菌在合适的生长条件下，12.5～20min 便可繁殖一代；每小时可分裂 3 次，由 1 个变成 8 个；一个昼夜可繁殖 72 代，由 1 个细菌变成 4 722 366 500 万亿个（重约 4722t）；经 48h 后，则可产生 2.2×10^{43} 个后代，如此多的细菌的重量大约相当于 4000 个地球的重量。事实上，由于各种条件的限制，如营养缺失、竞争加剧、生存环境恶化等原因，微生物无法完全达到这种指数级增长。

（4）适应强，易变异　微生物对环境条件尤其是恶劣的"极端环境"具有惊人的适应力，这是高等生物所无法比拟的。例如，多数细菌能耐 $-196～0℃$ 的低温；在海洋深处的某些硫细菌可在 $250～300℃$ 的高温条件下正常生长。耐酸碱、耐缺氧、耐毒物、抗辐射、抗静水压等特性在微生物中也极为常见。微生物个体微小，与外界环境的接触面积大，容易受到环境条件的影响而发生性状变化（变异）。尽管变异发生的概率只有百万分之一到百亿分之一，但由于微生物繁殖快，也可在短时间内产生大量变异的后代。正是由于这个特性，人们才能够按照自己的需求不断改良在生产上应用的微生物。

（5）分布广，种类多　虽然人们不借助显微镜就无法看到微生物，可是它们在地球上几乎无处不有、无孔不入，就连人体的皮肤上、口腔里，甚至肠胃里，都有许多微生物。85km 的高空、11km 深的海底、2000m 深的地层、近 100℃（甚至 300℃）的温泉、$-250℃$ 的环境下，均有微生物存在，这些都属于极端环境。而人们正常生产生活的地方，则正是微生物生长生活的适宜条件。因此，人类生活在微生物的汪洋大海之中，但常常是"身在菌中不知菌"。

一、化妆品微生物污染概述

在自然界中，单以数量和种类计，排首位的恐非微生物莫属。微生物具有个体微小、结构简单、新陈代谢旺盛、转化能力强、繁殖速度快、适应能力强、易发生变异、种类多、数量大、分布广等特点。化妆品生产所用的原料、包装材料、生产设备和工具，以及生产环境、作业人员本身都或多或少地存在微生物。

化妆品的原料繁多且营养丰富，具有微生物必需的碳源、氮源和矿物质，多种化妆品如液洗类、膏霜类含有大量的水分，有利于微生物的生长，加上化妆品的 pH 值通常在 4～7 之间，一般储藏和使用也在 20～40℃，这些条件都很利于微生物的大量繁殖。因此，化妆品在生产、储运、使用过程中很容易受到微生物污染。而一旦微生物大量繁殖，一方面会破坏化妆品的成分和稳定性，导致化妆品发生变色、出现霉斑和变味等变质，使功效降低或丧失；另一方面，微生物的毒性代谢产物和部分病原微生物还可造成消费者的不良反应或继发性感染，可能危及健康甚至生命。

按化妆品微生物的污染发生环节，可将其分为两类：制造环节发生的为一次污染；使用过程中发生的为二次污染。

（1）一次污染　在化妆品的生产、存储过程中受到微生物的污染，称为化妆品的一次污染。一次污染直接影响化妆品的卫生及安全。造成一次污染的原因包括原料的污染，设备、生产用具的污染和生产环境中受到污染。一次污染可防可控，后文中将详述。

（2）二次污染　在消费者的使用过程中造成的污染，称为化妆品的二次污染。消费者用带菌的手指（无菌几乎不可能）蘸取、涂抹化妆品，自然会污染化妆品；化妆品的瓶或管盖子打开，料体表面接触空气，也会受到空气中微生物的污染。如此在消费使用环节污染的微生物，也同一次污染的微生物一样会在化妆品中大量繁殖，使化妆品变质等。二次污染不可避免，通常可在化妆品设计配方时酌量添加适当的防腐剂，以防止微生物的二次污染。图3-1为微生物污染的影响因素。

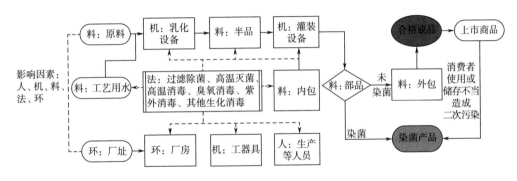

图 3-1　微生物污染的影响因素

二、化妆品微生物系统防控

化妆品生产过程的每一个环节，如原料、工艺用水、空气、厂房设施、生产人员、包装材料、生产工艺以及化妆品本身等都可能带来微生物、微粒和热原的污染，实际工作中也主要从这些生产环节进行全过程控制，将污染风险降到最低。

在产品生产的全过程，必须始终高度重视微生物防控，这样产品的微生物指标才是合格的。

化妆品的微生物防控，主要包括三个方面：控制传染源，切断传染途径，保护易感对象。

1. 控制传染源

要求通过评估的供应商提供符合卫生要求的原材料，做好清洁区的换新风以及空调维护保养，严格进行清洁区环境和设备、工器具的消毒作业等，杜绝微生物的带入、滋生。

2. 切断传染途径

厂房装修和车间布局为切断微生物进入生产环节提供硬件支撑，严格的人员、物料进入规范，严格落实各洗消规程等，阻断微生物传播途径。

3. 保护易感对象

科学设计并严谨验证产品防腐体系或防腐能力，做好进入清洁区或接触已经清洁消毒的物料、设备和工具、半成品的密封防护，最大限度减少洁净物料、器具、半成品在空气中的暴露时间。

三、化妆品生产过程的防控要点

制程的微生物防控，应始终围绕生产直接所需的六要素来规划、规范标准化、宣贯执行落地。生产制程六要素为：人、机、料、法、环、测。

1. 人

选对人，用好人。

各种生产要素如选型好不好、到位质量高不高、宣贯执行效果如何，最终都取决于决策者、执行者的素质、能力。基本衡量尺度，最简便可行的就是按照《化妆品监督管理条例》和《化妆品生产质量管理规范》中对安全风险评估、质量安全管理、检验检测、生产管理、生产作业等岗位人员的专业、素质和技能要求，来选聘、任用。

同时，须按《化妆品生产质量管理规范》把好人员健康关。特别强调要建立员工个人健康档案，以便于检查、了解、追踪个人健康状况。还应制定科学严谨的个人卫生管理规章，培养生产人员良好的个人卫生习惯，包括严格遵守进入车间的个人着装、洗手等卫生的规范性要求。严控因人员流动而传播微生物，避免交叉污染。这些仅仅是切断或减控最大污染源或媒介的下限要求。

2. 机

"机"指的是机器设备和工装器具。

根据生产许可的要求，结合企业产品规划和运营所需，购置符合法规要求、市场口碑好的设备尤为重要。另外，将设备、工装器具的技改、变更纳入控制也是极有必要的。根据经验，设备、工装器具的选型，最好多听取研发、技术和生产、质量等人员的意见、建议，科学布局、避免人流和物流交叉，布局应最大限度地适应生产现场的最短路径、生产柔性、利于生产作业、方便清洁维保等需要。对不同洁净度的房间静压差≥5MPa，洁净区与非洁净区之间≥10MPa。洁净区的门应关紧，避免不必要的移动；采用空调净化系统，以保证洁净区的风速、风量、风型和风压，同步采用臭氧、紫外灯，甚至喷雾银离子杀孢子剂等，以保持车间的空气洁净。车间内还须保持适宜的温度和湿度（25～26℃，湿度≤70%），设备、地面等表面不可滞留溢出水或冷凝水。

3. 料

"料"是指物料，包括原料、包材和生产辅料，还包括用于消毒的各种物料、消毒剂。选对供方是保证合格甚至优质物料最可靠、最经济的策略。

物料的防控包括三个方面：生产工艺用水应符合工艺要求，定期监测；所有生产用的原辅料、内包装材料按内控标准检验合格后才可使用，从源头上防止微生物污染；仓库应定期清理，避免原辅料、内包材在存放和使用中受到污染。

做好物料的防控应建立全覆盖、科学系统的"料"的质量标准，并确保得到全面执行。

4. 法

"法"主要指生产工艺、设备的洗消规程、原材料的预处理等。

"法"，要全覆盖——"人、机、料、环、测"的全部对象在生产各个区域、制程的每个环节、产品的全生产周期、生产的全时段，都应该涵盖，而且要成体系（要有内在的逻辑关系、层次，要协调统一、无空白、不重叠，要高于法规要求、严于国标和行标），要持续得到有效贯彻执行。

5. 环

"环"包括厂房选址和厂区布局以及生产环境，包括温度、湿度、洁净度、舒适度等。

选址符合《化妆品生产许可检查要点》中有关环境的要求，车间布局科学、合规、合理且装修质量可靠，配置空调换气系统确保车间温度和湿度符合甚至严于法规要求，员工体感舒适。

6. 测

"测"指的是检验监测。

"测"的目的是确认实际运行、输出是否符合设计要求。讲究检验及取样方案、指标及其指标要求、测试方法、具体作业规程的科学性、规范性、严谨性和执行的全面、严格、及时。

第三节　设备与用具的清洁与消毒

化妆品在整个保质期（或称为货架期）内要能保持稳定不变质，其中一个极其重要的指标就是微生物要求控制在一定的范围内。要做到这一点，从原料到半成品，再到成品，整个生产过程中必须保证化妆品内容物（料体或膏体）中所含微生物数量在标准所规定的范围内。进而要求，在化妆品生产过程中，除了生产操作人员本身的卫生要求之外，还要求与化妆品内容物直接接触的相关设备、容器与用具必须保持微生物数量被控制在一定的范围内。

一、清洁与消毒的必要性

微生物在自然界中广泛存在。虽然化妆品生产车间有着比较严格的密闭性，微生物并不容易进入生产车间，但是因为人员的进出、所需物料设备等的进入，会将微生物和尘埃带入生产车间。微生物会随着尘埃飘散在空气中，附着在设备和容器上，还会进入设备或容器内部生长繁殖，从而导致化妆品遭受微生物污染的风险。因此，必须对化妆品生产车间设备与容器、用品与用具进行清洁与消毒。

二、清洁与消毒的主要方法

化妆品机械设备的常用清洁方法，主要是用去离子水进行清洗、清洁。主要消毒方法有蒸汽消毒法、热水消毒法和化学消毒法。化学消毒法又包括乙醇消毒、二氧化氯消毒、过氧乙酸消毒和次氯酸钠消毒等。这些消毒方法各有优缺点。

1. 蒸汽消毒法

采用蒸汽消毒时，被消毒的设备必须是耐热的。消毒的效果与接触时间有关，敞口容器消毒一般需要 30min，如果是耐压容器，使用高压消毒，接触时间可适当缩短至 5～15min。蒸汽消毒的优点是效果好，消毒后不需冲洗；缺点是能源消耗较大，还要有配套设施。

2. 热水消毒法

热水消毒与蒸汽消毒为同一类型，即使用 90～95℃的热水进行消毒。消毒时，用 90～95℃的热水进行循环，比较适合管道消毒。

3. 化学消毒法

常用化学消毒剂主要有乙醇、二氧化氯、过氧乙酸、次氯酸钠等。乙醇作为消毒剂，能杀灭细菌繁殖体、结核杆菌及大多数真菌和病毒；二氧化氯是一种高效消毒剂，具有高效、广谱的杀菌作用，能使微生物蛋白质中的氨基酸氧化分解，导致氨基酸链断裂，蛋白质失去功能，使微生物死亡，但对碳钢、铝、不锈钢等有腐蚀作用；过氧乙酸属高效消毒剂，依靠强大的氧化作用使酶失去活性，造成微生物死亡，缺点是高浓度时可引起爆炸，又有腐蚀和漂白作用，有强烈酸味，对皮肤黏膜有明显的刺激；次氯酸钠缺点是不稳定，有效氯易丧失，有腐蚀性。化学消毒有一重要缺点：化学消毒剂的残留如果带进化妆品内，对化妆品品质有较明显的不良影响。

综合以上方法的优缺点，尤其是考虑操作的方便以及消毒剂残留对化妆品可能造成不良影响的问题，平时对生产车间设备与容器、用品与用具的消毒，基本上是选择蒸汽消毒法或热水消毒法，因为乙醇容易挥发，且少量残留对化妆品的影响相对较小，所以消毒酒精是比较常用的消毒剂。

三、化妆品生产设备的清洁与消毒

1. 清洁

首先，用去离子水对需要清洁和消毒的设备进行清洗，然后用蒸汽或热水进行消毒。采用蒸汽或热水进行消毒，主要针对较大型的设备，比如化妆品乳化生产设备（包括搅拌锅）的消毒。

在用去离子水进行清洗的时候，通常会采用加压水枪清洗方法。经过加压的去离子水，对锅内残留的原料或上一批生产过后残留的料体能够造成更为猛烈的冲击，清洁效果更好。生产过油性产品（包括油包水产品）后的锅，则要用洗涤剂预先清洗清洁，再用去离子水冲洗干净。

2. 消毒

在用去离子水清洗过后，通常采用如下方法进行消毒处理。

（1）蒸汽消毒　蒸汽消毒采用加热蒸汽直接对搅拌锅、乳化锅内部进行高温灭菌消毒。这种灭菌消毒的效果比较理想，但这种方法要求有专用的蒸汽喷射装置。

在进行蒸汽消毒操作时，首先打开乳化锅或搅拌锅底部的排料口，让锅的内腔与外部空气呈连通状态，以便排出蒸汽冷凝产生的水。通入蒸汽前，还要将乳化锅进料孔（人孔）的盖子盖好，但不要拧紧盖子上的螺栓，同时要适当打开乳化锅顶部的排空阀，以防压力过大造成人身伤害。然后再打开蒸汽阀，通入蒸汽进行灭菌消毒。确保内部各部位都充分接触到高压蒸汽后，关闭蒸汽阀，排完产生的冷凝水，最后用消毒酒精喷洒出料口进行消毒，完成蒸汽消毒操作。

注意：在进行蒸汽消毒时，乳化锅内腔与外部空气要保持连通，也就是要打开出料口，适当打开锅顶排空阀，以免形成完全密闭的空间而使锅内压力过大，在后续操作时产生意外的人身伤害。搅拌锅通常不存在密闭的情况，如有，也要注意。

（2）热水消毒　用 90～95℃ 的热水对搅拌锅或乳化锅灭菌消毒。这种灭菌消毒方法的好处是操作比较简单，也好控制，但这种方法存在风险，即如果锅内有芽孢杆菌，就没法消灭了。但此法因操作方便，虽稍有风险，仍较为常用。具体操作如下：首先关闭乳化锅或搅拌锅底部的排料口，然后向锅内注入去离子水，再用加热蒸汽或其他加热方法将锅内的去离子水加热到 90～95℃ 进行消毒，保持不少于 30min 时间。之后排掉锅内全部热水。

需注意：

① 向锅内加入去离子水时，要控制加入的水量，不宜使水位到达进料孔（人孔）口，搅拌锅不能加满至锅的顶部，否则，由于热胀冷缩的原因，加热到 90～95℃ 后，水位会大幅上升而大量溢出。

加热到指定温度范围后，如果水位还不够高，可以适当补充去离子水，补水量的多少以再次加热到设定温度范围后不会造成水的溢出为宜。

② 加热过程中，要将乳化锅或是搅拌锅的进料孔（或人孔）的盖子盖好，但不可以拧死盖子上的螺栓，以防锅内压力过高造成人身伤害。

③ 加热过程中，要开启慢速搅拌。一是用以破坏形成的传热边界层，减少传热阻力，加快传热速率，节省时间和减少能耗；二是让锅内温度尽量均一，有利

于提高消毒效果。乳化锅和带均质机的搅拌锅，在最后要适当开启均质，以便消除锅底温度死角，从而使锅内温度尽量均一以提升灭菌消毒效果。

④ 排除锅内热水时，注意避免高温烫伤。

⑤ 最后可用消毒酒精喷洒出料口，完成消毒操作。

四、灌装设备的清洁与消毒

灌装设备在每次使用后都要进行清洗，清洗后再进行消毒。

（1）清洁与消毒的步骤

① 生产使用完的灌装设备，要将可拆卸部分拆卸，并用去离子水将残留料体冲洗干净。

② 然后用消毒酒精对零部件进行消毒，用洁净的无尘布拭去零部件上的酒精残留后，再将灌装设备组装起来。

③ 最后将灌装设备进出口用洁净的保鲜膜密封。

如有必要，经过消毒酒精处理后的灌装设备零部件，可以使用去离子水洗去零部件上的酒精残留，然后用洁净的无尘布拭去去离子水，待零部件上的水沥干后，再将灌装设备组装起来，最后将灌装设备进出口用洁净的保鲜膜密封。

（2）注意事项

① 摆放和组装灌装设备用的平台和相关工具要洁净，并事先采用消毒酒精灭菌。

② 操作人员手部要用消毒酒精灭菌，并尽量使用灭菌后的橡胶手套。

③ 所用无尘布要洁净无尘，并用消毒酒精灭菌后再使用。

④ 可用空气枪代替无尘布去除零部件上的酒精或水分。

⑤ 如粘有不易用水冲去的油性原料，包括油包水料体，则要用洗涤剂预先清洗清洁。

五、化妆品生产容器的清洁与消毒

1. 较大型容器的清洁与消毒

盛装半成品料体的容器，比如大型的不锈钢桶、储罐或塑料桶，有条件的可采用蒸汽进行消毒，若条件不具备，可采用消毒酒精进行灭菌消毒。步骤如下：

① 用去离子水对需要清洁和消毒的容器进行清洗。尽量采用加压水枪进行清洗，以便对容器内壁形成较为猛烈的冲击，冲去内壁存在的原料或上一批生产后的残留料体，达到有效清洁。

② 尽量沥干其中水分，再对容器内壁喷射消毒酒精，然后对出料口用消毒酒精喷洒消毒。

③ 静置沥干容器内的残留酒精。如要比较彻底地去除残留的酒精，可用去离子水冲洗容器内壁，并沥干容器中的水分。

④ 沥干酒精或水分后的容器，盖好盖子并用洁净的保鲜膜密封出料口。

注意：如粘有不易用水冲去的油性原料，包括油包水料体，则要用洗涤剂预先清洗清洁。

2. 小型容器的清洁与消毒

生产过程中的小型容器，比如小型的不锈钢桶或小塑料桶，直接用去离子水进行清洗，稍加沥干后用消毒酒精进行消毒，再静置沥干容器内的残留酒精。如要比较彻底地去除残留的酒精，可用去离子水冲洗容器内壁，再沥干容器中的水分。最后，用保鲜膜密封容器口。

注意：如粘有不易用水冲去的油性原料，包括油包水料体，则要用洗涤剂预先清洗清洁。

六、化妆品生产用具的清洁与消毒

化妆品生产其他用具，比如勺子等，先用去离子水清洗干净，然后用消毒酒精消毒，沥干即可。

注意：如粘有不易用水冲去的油性原料，包括油包水料体，则要用洗涤剂预先清洗清洁。

七、管道及其他设备的清洁与消毒

化妆品生产设备的清洁与消毒，还涉及管道、阀门、接头、流量计、过滤器、泵等，由于拆卸比较麻烦，难以完全清洗消毒，内部会滋生微生物，料体或去离子水流过时，会带来污染。这种情况下，必须将设备和管道清洗干净，彻底去除黏附的污垢，可用钢丝刷之类清除这种污垢，消除微生物的滋生源，再用消毒剂消毒。

不同类型的设备或管道，可分别采用浸泡、喷雾、局部清洗、高压冲洗和内部循环清洗等一种或几种清洗方法，对于设备和管线上较难清除的沉积物和黏附污物，特别是处于死角的残渣，则需要用浸泡、溶解、加热并结合机械力进行去除，有时要经过拆卸才可清除干净。清洗完成后，再进行消毒。通常用消毒酒精进行消毒。

第四节　车间环境的消毒

车间环境的消毒，有两个方面的工作：减灭微生物传播源、阻断微生物传播途径。车间消毒的基础知识包括车间消毒原理和车间消毒通识。

一、车间消毒原理

首先，微生物生长是细胞物质有规律地、不可逆地增加，导致细胞体积扩大的生物学过程，这是个体生长的定义。繁殖是微生物生长到一定阶段，由于细胞结构的复制与重建并通过特定方式产生新的生命个体，即引起生命个体数量增加的生物学过程。

若需充分有效实施车间环境消毒，应先了解微生物生长繁殖的关键因素。

1. 温度

微生物生长最旺盛时的温度叫最适生长温度，绝大多数微生物最适生长温度为 25～37℃。

最适生长温度范围内，微生物生长速率随温度上升而加快；超过最适生长温度后，细胞内蛋白质和核酸等发生不可逆破坏，微生物生长速率急剧下降。当温度超过较高生长温度时，会使微生物的蛋白质迅速变性及酶系统遭到破坏而失活，严重者可使微生物死亡。低温会使微生物代谢活力降低，进而处于生长繁殖停止状态，但仍可保存其生命力。

2. 生长环境的 pH 值

每种微生物的最适 pH 不同，多数细菌最适 pH 为 6.0～7.5，真菌为 5.0～6.0，放线菌为 7.0～8.5。超越最适 pH，则影响酶活性、细胞膜温度性等，从而影响微生物对营养物质的吸收。

3. 氧

依据对氧的需求，微生物可分为：好氧性微生物（如多数细菌、大多数真菌）、厌氧性微生物（如某些链球菌、某些产甲烷杆菌等）和兼性厌氧性微生物（如酵母菌）。

4. 化学环境

在微生物所处的环境中，若有对微生物具有抑制和杀害作用的化学物质，这类物质会使微生物细胞的正常结构遭到破坏以及菌体内的酶变质，并失去活性。

5. 渗透压

渗透压对微生物的生命活动有很大的影响，微生物的生活环境的渗透压与其细胞大致相等时，其代谢活动最好，细胞既不收缩也不膨胀，保持原形不变。超过一定限度或突然改变渗透压，会抑制微生物的生命活动，甚至会引起微生物的死亡。在高渗透压溶液中微生物细胞脱水，原生质收缩，细胞质变稠，引起质壁分离。在低渗透压溶液中，水分向细胞内渗透，细胞吸水膨胀，甚至破坏。

6. 紫外线（辐射）

核酸是一切生命体的最基本物质和生命基础。紫外线对微生物的辐射，会导致生物体内的核酸吸收紫外线的光能，损伤和破坏核酸的功能，使微生物致死。

7. 营养物质

微生物要求的营养物质包括组成细胞的各种原料和产生能量的物质，主要有水、碳源、氮源、无机盐及生长因素。

（1）水　是微生物的组成部分，代谢过程的溶剂。细菌约 80% 的成分为水分。

（2）碳源　碳素含量占细胞干物质的 50% 左右，碳源主要构成微生物细胞的含碳物质和供给微生物生长、繁殖和运动所需要的能量，一般污水中含有足够碳源。

（3）氮源　提供微生物合成细胞蛋白质的物质。

（4）无机元素 主要有磷、硫、钾、钙、镁等及微量元素，是细胞、酶的组成成分，可维持酶的活性、调节渗透压，提供自养型微生物的能源。

（5）生长因素 包括氨基酸、蛋白质、维生素等。

8. 微生物传播媒介

微生物污染传播有四大媒介：空气、水、表面、人。

（1）空气 空气，是传播微生物的主要媒介（不是产生污染的介质）。携带微生物的尘埃和水滴，可通过空气的流动侵袭设备、物料和产品。可见，保持空气洁净是很重要的。

（2）水 水本身是微生物生长必不可少的。水中的可溶性有机物和盐类（生产工艺用水虽经反渗透过滤甚至还经过 EDA 处理，但仍含有一定量的可溶性有机物和盐类）是微生物生长的养料源泉。而水在生产过程中，既是清洗时必不可少的，又是化妆品生产中用量最大的一种原料。

（3）表面 表面包括车间的天花板、墙壁、地面、设备、容器、工具、作业台面等。由于空气中的湿度，所有表面都有一层含水的薄膜，这层薄膜由于静电吸引而饱含尘埃微粒，很多时候，表面还可能覆盖一层油状物质，此层油膜易受到尘粒污染。表面易因尘埃微粒和微生物的空气传播回降而受到污染。在未经正确而严谨的消毒处理前，一个表面看起来可能非常干净，而事实上则完全可能已经被千百万个的微生物所污染。

（4）人 人是最常见、最主要的传染源。人体是一个永不休止的污染媒介，是时刻都在散发微生物的个体，而且通过许多途径和方式污染清洁区的各类对象。所以，人是清洁车间诸要素中最不清洁的组成部分，是最大的污染源。

综上，要消灭车间的微生物，就要从改变其生长繁殖的环境因素着手，比如给予高温或低温、使用强碱改变其 pH、创造富氧或寡氧环境、切断其营养获取途径、阻断其传播媒介等。

二、车间消毒通识

化妆品生产车间的消毒基本原则，可总结为"把握时机、选对药剂、用对方法、防消结合"。

1. 把握时机

（1）直接生产类 消毒的时机可概括为：每次使用前、可能污染时、检测超标后。

① 设备和工器具、配料/半成品容器等，应在每次使用前做清洗、消毒作业。

② 原料：主要是基于其微生物量、生产工艺等实际情况来确定。通常对原料要么不能检出有菌，要么检出的菌的量级是可以在使用过程中随工艺执行而达到灭菌（比如 85℃或更高温度添加，并保温一定的时间）。

③ 内包材：在产品的灌装前完成清洗和消毒作业。

（2）生产环境类

① 人员手部消毒：进入生产区一次更衣后，进入清洁区之前（在二更的洗手间），作业过程中（一般30～60min消毒一次），接触污脏物或感觉手脏（被污染）时。

② 清洁区工服：包括工衣和工裤（或者是连体服）、工帽、工鞋。每次使用之前，实践中是在每日使用后清洗并采取必要的消毒、烘干备用。

③ 台面消毒：在生产作业开始之前，作业过程中按适当间隔执行。

④ 毛巾之类的消毒：生产使用前。通常是按照日用量的2倍准备毛巾，每次使用后即用带盖的卫生桶回收，下班后集中清洗、烘干消毒，叠放于消毒柜中备用（每次按时长用量取用）。

⑤ 空气消毒：每日生产开始前和生产结束后均消毒，生产过程中一般是通过中央空调的洁净风系统按一定的频率换新风来实现室内空气的洁净。

⑥ 地面和墙壁消毒：每日开始生产前或生产完毕消毒，过程中有被污脏时须及时清洁并消毒。

（3）注意事项　消毒之前的清洗或清洁尤为重要。采用经反渗透过滤的工艺用水或除静电压缩空气以正确的方法清洗，不仅可以洗掉污垢，更可以去除物体、物料表面大部分的微生物。清洗、消毒的方法，应经严谨、科学、适当次数的测试并被验证为可靠、可行的。

消毒之后的物料、设备和工（器）具，在间隔一定时间之后再启用，则应重新消毒。具体间隔时间的长短，取决于车间环境的洁净度、器具内或表面的水分量多少、微生物可能利用的营养成分等情况。

2. 选对消毒剂

借鉴2010版GMP实施指南对消毒剂的指导意见，化妆品车间的消毒剂原则上应具有以下特点：杀菌广谱、效果可靠且作用迅速，性能稳定，便于储存和运输，无毒无味无刺激，易溶于水、不着色、易去除，不污染环境，不易燃易爆、使用安全，使用浓度低，价格低廉。

消毒，通常有以下方式。

① 传统方式。以前被广泛采用的甲醛加高锰酸钾熏蒸的方法，因其毒性大（可能附着在包材、器物上，造成对产品的质量安全风险，也可能对人员健康带来隐患风险），已不宜采用。而采用次氯酸类喷雾方法则存在氧化器物、地面的风险。

② 紫外灯消毒是利用紫外线消毒灯向外辐射波长为253.7nm的紫外线进行消毒。该波段紫外线的杀菌能力最强，可用于对水、空气、衣物等的消毒灭菌。安装紫外灯有间隔、高度要求（按照《化妆品生产许可检查要点》第38条规定"使用中的紫外灯的辐照强度≥70μW/cm²，并按照30W/10m²设置"）。设置高度按照检测值达到标准为准，通常以不超过离地2.5m为宜。紫外灯照不到的地方，则消毒效果大打折扣，应予注意。

③ 目前较为适宜的选择是用双氧水＋银离子类的消毒剂做喷雾消毒，市面常称这类消毒剂为杀孢子剂。

④ 臭氧消毒是值得选择的（既全面又彻底、高效），可随空调风管（在风管内另配特氟龙臭氧管）输送至各个房间。

⑤ 通过高效过滤器换新风来保持室内空气的洁净度是必不可少的。

⑥ 对设备、工（器）具、毛巾的消毒，最佳方式为高温、湿热、高压，其次是高温、湿热。也可以采用高温、干热，以及75％酒精淋洗或浸泡等方式。

⑦ 人员手部常用75％酒精浸泡或喷淋后搓擦。不可在浸泡或喷淋后立即用毛巾甚至衣物擦干。

⑧ 内包材的消毒。玻璃瓶类通常采用清洗后高温烘干的方式达到消毒效果。塑瓶、软管、各种盖子垫片、内塞、泵头等，主要采用臭氧消毒的方式，须注意在采用该方式前应先验证臭氧对包材的影响——是否会导致其变色、变脆、烫金/银乃至丝印的附着力、是否会因臭氧的强氧化作用而受到破坏等。

⑨ 工作服类可常规清洗（必要时在清洗后加消毒剂浸泡，比如环氧乙烷、次氯酸钠等），然后沥水、烘干。

表3-1为化妆品企业常用消毒剂及其使用方法（其浓度在无特别说明时，均为质量分数），供参考。

表3-1　化妆品企业常用消毒剂及其使用方法

序号	消毒剂	周期	消毒对象、基本操作	注意事项	备注
1	苯索氯铵（0.080％～0.100％）	每日	擦拭墙壁和台面、拖地等	—	①使用酒精对墙壁、窗户、地面进行消毒时，需开启抽风换气，防止出现安全事故；②每日生产完成后将所有生产用具摆放归位，清理现场生产垃圾
2		2次/月	对风扇、抽风排气等设备的隐蔽部位和天花的全面清洁	对固定安装的设备外的所有物料（包材仓、成品仓除外）均须移开，消毒作业完毕再将物料移回原位	
3	75％酒精	每日及必要时	用沾有75％酒精的消毒毛巾擦洗设备外表、门窗、流水线、操作台、拖地等	注意酒精浓度，每次浸泡毛巾须加盖密封	
4	杀孢子剂——双氧水配微量阴离子类	1次/周	按产品说明书配制，在现场卫生清理完成后，消毒操作人员用喷雾器进行现场的全面喷洒消毒，包括卫生死角，喷洒必须确保均匀	喷洒过程中其他人员不得在现场，确保人员安全	
5	臭氧	每日	未安装紫外灯的洁净区域宜采用臭氧消毒	臭氧浓度达到或超过10mg/m³，维持该浓度密闭作用30min	

序号	消毒剂	周期	消毒对象、基本操作	注意事项	备注
6	紫外灯	每日	安装了紫外灯的区域采用定时开关控制（开启时需关闭门窗），在上班前、午休等时段开启约30min	紫外灯管表面脏污时，需用沾有75％酒精的毛巾轻轻擦拭，除去上面的灰尘以减少对紫外线穿透力的影响	消毒期间相对湿度≥70％

3. 用对方法

在适当的时机用适合的消毒剂，采用正确的方法，才能达到预期的消毒效果。

商品化的各种消毒剂、消毒设备，均有其使用说明。虽有厂商使用说明，但在实际工作中仍须按照 GMPC 原则，对消毒剂的配制、消毒设备的操作及与之对应的消毒效果，制定科学的验证方案，展开严谨的验证。而且，即使通过验证为可靠、可行的消毒剂、消毒设备，也须定期开展再验证。

4. 防消结合

按照"减灭微生物传播源、阻断微生物传播途径"的指导原则，切实抓好日常的预防工作，在适合的时机严格消毒作业，确保产品质量。

从硬件、布局上最大限度地减少微生物滞留、滋生的条件和传播、交叉污染的机会，将微生物"拒之门外"。

在生产各要素的运行和生产过程中，严格按照各项卫生规范、卫生标准、洗消规程操作，将微生物消灭在污染之前。坚持"一次做对"的理念，不给微生物以可乘之机。

一旦发生微生物污染，须以最快的速度，圈定可靠的范围限度，隔离被污染及疑似被污染物，在查找、分析污染源头和原因的同时，应力求对染菌对象高效处理，严防微生物污染程度加深或产生"漏网之鱼"导致污染扩散。

第四章　一般液态单元化妆品的生产工艺

一般液态单元化妆品包括洗发水、化妆水、护肤啫喱、面膜贴等化妆品。

第一节　洗发水

洗发水是由清洁剂、悬浮稳定剂、增稠剂、发用调理剂、感官调整剂、防腐剂、着色剂、pH调节剂、赋香剂、溶剂、其他助剂和发用功效剂混合组成的物质，是用来清洁附着在头发和头皮上污垢的一般液态单元护发清洁类化妆品。

一、配方组成

洗发水的一般配方组成见表4-1。

表4-1　洗发水的配方组成

组分		常用原料	用量/%
清洁剂	主要清洁剂	月桂醇聚醚硫酸酯钠、2-磺基月桂酸甲酯钠、月桂醇聚醚硫酸酯铵、月桂醇硫酸酯钠、月桂醇硫酸酯铵、$C_{14\sim16}$烯烃磺酸钠、月桂酰肌氨酸钠	10～20
	辅助清洁剂	甲基椰油酰基牛磺酸钠、癸基葡糖苷、月桂酰两性基乙酸钠、椰油酰甘氨酸钠、椰油酰谷氨酸钠、椰油酰谷氨酸二钠	1～5
悬浮稳定剂		TAB类、卡波姆类、羟丙基淀粉磷酸钠、丙烯酸（酯）类共聚物等	0.2～2
增稠剂		椰油酰胺DEA、椰油酰胺丙基甜菜碱、椰油酰胺MEA、月桂基羟基磺基甜菜碱	1～5
发用调理剂	阳离子表面活性剂	硬脂基三甲基氯化铵、西曲氯铵、山嵛酰胺丙基二甲胺、山嵛基三甲基氯化铵	0.5～3
	阳离子聚合物	聚季铵盐-10、聚季铵盐-67、瓜儿胶羟丙基三甲基氯化铵	0.1～0.5
	油脂	聚二甲基硅氧烷、PEG-75牛油树脂甘油酯	0.1～5
感官调整剂	珠光剂	乙二醇二硬脂酸酯、硬脂酸乙二醇双酯	0.01～3
	乳白剂	二氧化钛、苯乙烯/丙烯酸酯共聚物	适量
	色素	CI 14700、CI 15985、CI 42090、CI 19140	适量

组分	常用原料	用量/%
防腐剂	2-溴-2-硝基丙烷-1,3-二醇、甲基异噻唑啉酮、羟苯甲酯、羟苯丙酯、苯氧乙醇、苯甲酸钠、山梨酸钾等	0.1~1
着色剂	色素、植物提取液等	0.001~3
pH调节剂	柠檬酸、乳酸、氢氧化钠、精氨酸、三乙醇胺	0.1~1
赋香剂	水溶性香精、油溶性香精、纯露、精油等	0.2~2
溶剂	水	50~80
其他助剂	螯合剂、缓存冲剂、抗氧化剂、紫外线吸收剂、抗冻剂等	0.1~1
发用功效剂	止头痒、祛头屑、控油、护色、祛除异味、抗过敏、营养、保湿、修护等	0.1~3

二、典型配方与制备工艺

1. 典型配方

珠光型洗发水的典型配方见表4-2。

表4-2　珠光型洗发水的典型配方

组相	商品名	原料名称	用量/%	作用
A	去离子水	水	余量	溶解
	AES-70	月桂醇聚醚硫酸酯钠	16.0	清洁
	AESA-70	十二烷基聚氧乙烯醚硫酸铵	2.0	清洁
	Top-rinese CT Paste	甲基椰油酰基牛磺酸钠	1.0	清洁
B	C-14S	瓜尔胶羟丙基三甲基氯化铵、水、氯化钠	0.3	发用调理
	去离子水	水	3.0	溶解
C	尿囊素	尿囊素	0.3	发用调理
	EGDS	乙二醇二硬脂酸酯	3.0	珠光
	BT85	二十二烷基三甲基氯化铵	0.3	发用调理
	DBQ	季铵盐-91、西曲铵甲基硫酸盐、鲸蜡硬脂醇	0.3	发用调理

组相	商品名	原料名称	用量/%	作用
C	OCT（去屑剂）	己脒定二（羟乙基磺酸）盐	0.3	去屑
	CMEA	椰油酰胺 MEA	1.0	增稠、稳泡
D	卡波姆 U20	丙烯酸（酯）类/$C_{10\sim30}$ 烷醇丙烯酸酯交联聚合物	0.4	悬浮稳定
	去离子水	水	20.0	溶解
E	AS-L	羟乙二磷酸	0.1	螯合
	乳化硅油 3609	氨端聚二甲基硅氧烷、聚二甲基硅氧烷	2.0	发用调理
	ST-1213	$C_{12\sim13}$ 醇乳酸酯	0.5	赋脂
	PTG-1 类脂柔润赋脂剂	胆甾醇澳洲坚果油酸酯、橄榄油 PEG-6 聚甘油-6 酯类、三-$C_{12\sim13}$ 烷醇柠檬酸酯、二聚季戊四醇四异硬脂酸酯、磷脂	0.5	赋脂
	M550	聚季铵盐-7	3.0	发用调理
	甘草酸二钾	甘草酸二钾	0.1	消炎、止痒
F	CAB	椰油酰胺丙基甜菜碱	4.0	增稠
G	盐	氯化钠	0.5	增稠
	去离子水	水	5.0	溶解
H	精氨酸	精氨酸	0.1	pH 调节
I	C200 防腐剂	2-溴-2-硝基丙烷-1,3-二醇、甲基异噻唑啉酮	0.1	防腐
	香精	香精	0.5	赋香

2. 制备工艺

① 将 D 相中的成分浸泡，预溶分散，备用。

② 按配方比例称好去离子水放入乳化锅中，升温至 85℃，然后加入 A 相成分，在 40r/min 的速度下均质，然后在 20r/min 的速度下搅拌至完全分散均匀后，把 B 相成分分散预溶好，再投入乳化锅中。

③ 投入 C 相成分后，在 40r/min 的速度下均质，然后在 20r/min 的速度下搅拌至完全分散均匀，85℃保温 40～50min。

④ 降温至 60℃后，加入已经预溶分散好的 D 相成分，在 30r/min 下均质，然

后在 25r/min 下搅拌至完全分散均匀。

⑤ 降温至 45℃ 以下后，加入 E、F 相成分以及 I 相成分，搅拌分散均匀。

⑥ 最后用 H 相调节 pH 至 5.5～6.0，用 G 相成分调节黏度至 11000～14000mPa·s 即可。

⑦ 用 200 目过滤布过滤出料。

三、生产工艺

洗发水生产工艺流程如图 4-1 所示。

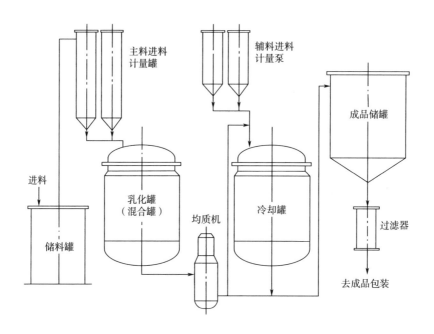

图 4-1 洗发水生产工艺流程图

洗发水的生产方法通常有常温冷混合法、常温冷热混合法和加热混合法三种。

1. 常温冷混合法

先用少量水或多元醇将配方中的粉体原料溶解成溶液备用，如有固体或油脂原料，可用部分表面活性剂、水或多元醇等加热溶解成溶液备用。将去离子水加入混合锅中通过均质、搅拌和外循环等将表面活性剂溶解于水中，再加入其他助洗剂和预溶后的备用溶液，待形成均匀溶液后，加入香料、色素、防腐剂、配合剂等，用柠檬酸或其他酸、碱类调节 pH 值，调节颜色，最后用无机盐（氯化钠或氯化铵）调整黏度。若遇到加香料后不能完全溶解，可先将香料同少量助洗剂混合后再投入溶液，或者使用香料增溶剂来解决。此法适用于只有少量（或没有）蜡状固体或难溶物质的配方。图 4-2 为常温冷混合法工艺流程示意。

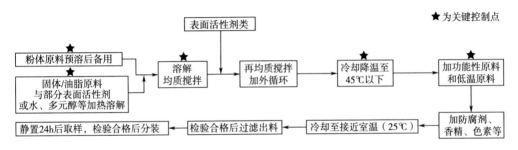

图 4-2　常温冷混合法工艺流程图

2. 常温冷热混合法

先用少量水或多元醇将配方中的粉体原料溶解成溶液备用，如有固体或油脂原料，可用部分表面活性剂、水或多元醇等加热溶解成溶液备用。将去离子水加入混合锅中通过均质、搅拌和外循环等将表面活性剂溶解于水中，再加入其他助洗剂和预溶后的备用溶液，搅拌分散完全后，如果温度在 45℃ 以上，需要冷却到 45℃ 以下，再加入功能性原料和其他低温原料，如香料、色素、防腐剂、配合剂等，用柠檬酸或其他酸、碱类调节 pH 值，调节颜色，最后用无机盐（氯化钠或氯化铵）调整黏度。若遇到加香料后不能完全溶解，可先将香料同少量助洗剂混合后再投入溶液，或者使用香料增溶剂来解决。此法适用于有少量蜡状固体或难溶物质的配方，需要能耗较少，产能产量较大。图 4-3 为常温冷热混合法工艺流程示意。

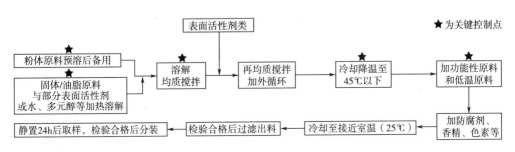

图 4-3　常温冷热混合法工艺流程图

3. 加热混合法

当配方中含有蜡状固体或难溶物质（如珠光或乳浊制品等）时，一般采用加热混合法。先用少量水或多元醇将配方中粉体原料溶解成溶液备用，将表面活性剂溶解于热水或冷水中，在不断搅拌下加热到 85℃，然后加入要溶解的固体或油脂原料和预溶后的备用溶液，搅拌至溶液呈透明或半透明为止。当温度下降至 45℃ 左右时，加功能性原料（低温原料、色素、香料和防腐剂等），调节 pH 值和颜色，最后调节黏度。采用此法时，温度不宜过高（一般不超过90℃），以免破坏配方中的某些成分。图4-4为加热混合法工艺流程示意。

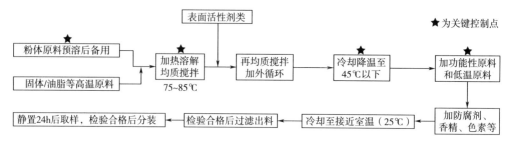

图 4-4　加热混合法工艺流程图

四、关键工艺控制点

1. 原料的储存

① 仓库的环境必须干燥、通风、明亮、清洁、通畅。仓库内应有防鼠、防潮、防霉变、隔热措施，严禁烟火，配置适量的消防器。必须注意原料本身的理化特性，选择最佳的存放条件。应将部分易燃、易爆、有挥发性、有毒性、有腐蚀性的原料放在安全原料存放仓中，并需定期检查仓内的环境变化。

② 悬浮稳定剂、增稠剂、着色剂应储存在干燥清洁的库房内，置于阴凉干燥处确保通风，要注意防潮。

③ 发用调理剂、感官调整剂应储存在干燥清洁的库房内，不得露天堆放，应避免雨淋或受潮。

④ 清洁剂应储存在干燥、清洁、阴凉、通风的库房内，库温不宜超过30℃，且应与氧化剂分开存放，远离火种、热源。

⑤ 香精、有效物应避光，置于通风干燥处，密封保存，存放温度不宜超过26℃且不宜低于10℃。

2. 预处理

瓜尔胶、聚季铵盐-10、卡波姆、改性淀粉、色素等粉料需预先和水混合分散后加入乳化锅中。固体粉末或颗粒状原料，一般需要预先溶解，然后再投入热料中溶胀开。有些需提前一天或几天浸泡或加热浸泡，同时放少量防腐剂防止在使用前变质。

3. 关键原料的投料

① 先加入水、表面活性剂（AES/K12等固体或半固体原料）、易溶固体、油脂等原料，升温至85℃，均质搅拌均匀，确保原料完全溶解、溶胀开以后再进行下一步操作。

② 粉料应预先和去离子水混合分散均匀后再加入高温的乳化锅中。

③ 有硅洗发水配方，加入硅油前，料体要先增稠到 6000mPa·s 左右，再加入硅油，这样有利于硅油在洗发水中的分散和稳定。

④ 蛋白类的发用调理剂、植物提取液等活性物原料，应在低温（如 40℃左右）时加入。

⑤ 色素（色粉）应稀释配制成溶液后再加入锅中，否则色素粉末可能在洗发水中分散不均匀。

4. 中间过程控制

① 黏液的感官指标：外观、色泽、香味等应符合产品标准要求。

② 黏液的理化指标：比重、pH 值、黏度、泡沫指标等应符合产品标准要求。

5. 后期过程控制

① 后期工艺过程控制原则：先调整 pH 值在内控范围，再调色，pH 值和颜色都达标合格后，最后调整黏稠度。

② 在较高温度下加入香料，不仅会使易挥发香料挥发，造成香料损失，还会因高温产生化学变化，使香料变质、香气被破坏。所以，一般在较低温度下（<35℃）加入香料。

③ pH 调节剂（如柠檬酸、酒石酸、磷酸和磷酸二氢钠等）通常在配制后期加入。当体系降温至 35℃左右，加完香料和防腐剂后，即可进行 pH 值调节。首先测定其 pH 值，估算 pH 值调节剂的加入量，然后分批多次投入，搅拌均匀，再测 pH 值，直到达到内控要求为止。对于一定容量的设备或投料量，测定 pH 值后可以凭初次生产投入比例估算 pH 值调节剂用量，制成表格指导生产。另外，产品配制后立即测定的 pH 值并不完全真实，长期储存后产品 pH 值因配方不同可能会有轻微变化，在内控范围内就合格。

④ 在洗发水中加入色素，是为了使洗发水看起来更美观。在生产过程中，温度的控制也是非常重要的。在较高温度时加入色素容易造成料体变色，所以一般在较低温度（<35℃）下加入。

⑤ 一般洗发水中都会加入无机盐（氯化铵、氯化钠等）做增稠剂，其加入量视实验结果而定，一般不超过 0.8%。过多的盐不仅会影响产品的低温稳定性，增加制品的刺激性，而且当黏度达到一定值时，再增加盐的用量反而会使体系黏稠度降低。

6. 出料控制

① 黏液经半成品检测合格后可以出料。

② 出料过程应先将管道中残留的水分排空。

③ 出料过程应注意管道密封性，防止管道混入空气，造成黏液质量不合格。

④ 在储罐口应有防泡管，防止黏液冲击造成黏液混入气泡。

7. 储存

① 半成品黏液打入移动储罐或者固定储罐中。

② 半成品黏液在储罐储存，应防止黏液冷凝水回流，尽快灌装，防止微生物污染。

8. 灌装

① 灌装设备必须消毒验证后，才能使用。

② 开机前需要检查灌装料体半成品标准中的感官指标是否合格。

③ 灌装首件产品与标准样板进行确认，检查合格后，正式进行灌装。

④ 灌装过程，定时对灌装黏液进行净含量检测，保证在净含量标准要求范围内。

⑤ 灌装过程，现场 QC 应定期进行巡检，确保灌装过程产品质量。

9. 包装

包装要符合 GB/T 29679—2013。

① 包装印刷的图案与字迹必须整洁、清晰，不易脱落。

② 包装标签必须准确，不应贴错、贴漏、倒贴、脱离。

③ 包装上必须有正确的生产日期或有效期。

④ 成品需要保持产品直立放置，禁止将产品平放或倒放。

10. 珠光洗发水的制备注意事项

珠光洗发水的珠光剂（乙二醇硬脂酸酯）在表面活性剂复合物中加热后溶解或乳化，降温过程中会析出镜片状结晶，因而产生珠光光泽。珠光剂的用量和选择、生产时的温度、搅拌速率、冷却速率等对珠光形成的效果有直接影响。快速冷却和迅速地搅拌，会使体系暗淡无光。通常应在 70℃ 左右加入珠光剂，待溶解后控制一定的冷却速率，可使珠光剂结晶增大，获得晶莹的珍珠光泽。若采用珠光浆，则在常温下加入搅匀即可。

一般来说，EGMS（乙二醇单硬脂酸酯）比 EGDS（乙二醇双硬脂酸酯）具有较低的熔点和分子量，同时具有较高的极性。在典型的生产配方中要注意以下几点：

① 加热到设定温度时，EGMS 比 EGDS 溶解的量多；

② 完全溶解 EGMS 比 EGDS 所需要的温度低；

③ 控制同样的冷却条件，EGDS 比 EGMS 先析出珠光；

④ 控制同样的冷却条件，EGDS 析出的珠光含量比 EGMS 高；

⑤ 冷却速率的显著变化将改变晶体尺寸和珠光性质；

⑥ 搅拌速率的显著变化将改变晶体尺寸和珠光性质。

配方师需熟悉常用生产设备的特性。在从（70±5）℃降温到（30±5）℃时，冷却速率宜控制在（4±3）℃/h，搅拌速率宜控制在约 30r/min，或者控制可变速度在 10～60r/min。如有可编程的冷却和搅拌控制是最好的。

五、常见质量问题及其原因分析

洗发水常见质量问题的分析及解决办法见表4-3。

表 4-3　洗发水常见质量问题的分析及解决办法

质量问题	具体表现	原因分析	解决办法
混浊分层	生产出来各指标良好，过了一段时间，出现混浊分层	①体系中高熔点原料含量过高，低温下放置结晶析出，在体系中比例太高，珠光严重变粗，悬浮力度不够；②温度变化，改变了表面活性剂的亲水性，一些物质产生固-液变化而分层；③无机盐含量过高，低温出现混浊；④制品 pH 值过高或过低，出现混浊	①加入合适的比例；②控制配方中无机盐含量；③严格控制制品 pH 范围；④储存环境选择阴凉的环境
变色	颜色发生明显变化	①香精使用不当；②色素使用不当；③功效成分容易易被氧化；④含有易引起变色的金属离子，如 Fe^{3+}、Cu^{2+} 等	①选用合适的香精；②选择合适的色素；③添加抗氧化剂；④添加螯合剂
变味	香味明显发生变化，甚至发出臭味	①香精使用不当；②防腐剂使用不当；③香精与其他组分发生反应	选用合适的香精和防腐剂
刺激性大	刺激性大，产生头皮屑	①表面活性剂用量过多，脱脂力强；②防腐剂用量过多或品种不好，刺激头皮；③防腐剂效果差，微生物污染；④pH 过高，刺激头皮；⑤阳离子表面活性剂或阳离子聚合物含量过高，刺激头皮	①加入适量的表面活性剂；②添加适当的防腐剂；③选用适当的防腐剂；④将 pH 调到合适范围；⑤加入适当的阳离子表面活性剂或阳离子聚合物
泡沫不稳定	有明显的消泡情况	①表面活性剂有效含量减少；②油脂和硅油没有分散或乳化完全；③珠光剂没有很好地析出，而被乳化成为油脂，具有消泡作用	采用合适的生产工艺，确保每个原料发挥其作用
珠光不好	洗发水呈现出的珠光效果不理想	①珠光剂用量过少，表面活性剂增溶性太强；②体系油性成分过多，形成乳霜等情况；③加入珠光剂温度过低，溶解不好；④加入温度过高或过低，导致珠光剂水解；⑤冷却速率过快，或搅拌速率过快，未形成良好结晶；⑥冷却到 $50 \sim 60 ℃$ 时，搅拌速率过慢	加入适量的珠光片和油性成分；严格控制生产工艺中的温度、搅拌速率和 pH 值

第二节 化妆水

化妆水属于一般液态单元的护肤水类，是护肤化妆品中的一种，英文是Toner。化妆水又叫紧肤水（收缩水、收敛水）、爽肤水、柔肤水等。实际上，化妆水的名称并不局限于此，比如现在市面上销售的山茶花清透保湿爽肤水、水嫩舒缓柔肤水、山茶花亮采滋养水、洋甘菊花水、玻尿酸黄金精华水、多肽修护舒缓水、白桦树汁活肤水等，都属于化妆水。

化妆水通常在做完面部皮肤清洁后使用。在用洗面奶之类的清洁产品洁面后，面部皮肤上大量的油脂也会随着污垢一同被清洗掉，失去部分油脂的皮肤会显得有些干涩，这个时候使用化妆水，就是为了给皮肤补水、保湿，使皮肤滋润。

补水、保湿、滋润是化妆水的基本功能，保湿功效主要是通过添加多元醇，如甘油、丙二醇之类，以及透明质酸钠等保湿成分而实现的。

化妆水在补水、保湿、滋润的基础上添加某些功效性的成分，使用效果会得到增加或扩充，就成为具有特别功效的化妆水，比如添加祛痘成分、以祛痘为主要目的的祛痘水，添加抗过敏成分以达到防过敏和缓解过敏症状的舒缓水，还有剃须后使用的须后水。

化妆水通常都是透明、容易流动的液体，但由于消费市场需求有些化妆水添加了不易溶于水的成分，因此市面上还存在其他剂型的化妆水，比如半透明化妆水、不透明的乳状化妆水，也有含不溶于水的固体成分的多层化妆水，以及做成全透明的完全凝固状态的固态喷雾水。

一、配方组成

化妆水的配方组成见表4-4。

表4-4　化妆水的配方组成

组分	常用原料	用量/%
水	去离子水或纯水	加至100
保湿剂	多元醇	2～8
	多糖	1～3
	透明质酸钠	0.02～0.1
流变剂	卡波姆、黄原胶、羟乙基纤维素等	0.02～0.3
缓冲剂	乳酸-乳酸钠、柠檬酸-柠檬酸钠	0.1～0.5
螯合剂	EDTA-2Na、EDTA-3Na、EDTA-4Na 等	0.02～0.1
润肤剂	油脂、水溶性硅蜡	0.1～0.5

组分	常用原料	用量/%
增溶剂	吐温-20、PEG-40 氢化蓖麻油	0.01～0.5
香精	香精、合成香料或某些精油	0.0001～0.1
防腐剂	苯氧乙醇	0.4～1
	羟苯甲酯	0.1～0.15
修护剂	神经酰胺、烟酰胺、β-葡聚糖	0.01～5
	尿囊素	0.1～0.4

二、典型配方与制备工艺

1. 典型配方

化妆水的典型配方举例，如修护滋润爽肤水的配方见表 4-5。

表 4-5 化妆水的典型配方（修护滋润爽肤水）

组相	商品名	原料名称	用量/%	作用
A	去离子水	水	加至 100	溶解
	甘油	甘油	5.0	保湿、润肤
	1,3-丁二醇	丁二醇	4.0	保湿、润肤
	尿囊素	尿囊素	0.2	修护
	尼泊金甲酯	羟苯甲酯	0.12	防腐
	CARBOPOL 940	卡波姆 940	0.02	悬浮
B	Dissolvine NA	EDTA 二钠	0.05	螯合
	HA	透明质酸钠	0.08	保湿
C	辛酰羟肟酸	辛酰羟肟酸	0.4	防腐增效
	乙基己基甘油	乙基己基甘油	0.4	防腐增效
	Microcare PE	苯氧乙醇	0.3	防腐
D	葡聚糖	β-葡聚糖	1.5	修护
		酵母发酵产物提取物	2.0	保湿修护
	芦荟水	库拉索芦荟（ALOE BARBADENSIS）提取物	2.0	保湿修护
	燕麦提取物	燕麦（AVENA SATIVA）仁提取物	2.0	抗敏修护

组相	商品名	原料名称	用量/%	作用
E	香精	香精	0.02	赋香
	CO40	PEG-40 氢化蓖麻油	0.06	增溶
	去离子水	水	0.5	溶解
F	TEA	三乙醇胺	0.02	pH 值调节
	去离子水	水	0.5	溶解

2. 制备工艺

① 将 A 相中的水称量好后加入洁净的搅拌锅中，再加入 A 相的其余原料，不必都按顺序加入，但卡波姆 940 要最后加，并且是小心地、均匀地撒在搅拌锅内的水面上。待卡波姆 940 被水湿润无白点后，才能开始搅拌加热，加热到 80～85℃。

② 将 B 相原料加入搅拌锅内，待透明质酸钠被湿润后，80～85℃慢速搅拌 15～25min。

③ 开启冷却水降温。

④ 降温至约 60℃时，加入 C 相原料，搅拌降温。

⑤ 降温至 50℃以下时，加入 D 相原料，搅拌降温。

⑥ 将 E 相的 PEG-40 氢化蓖麻油和香精加入适当大小的洁净的小容器中，然后用小的搅拌器比如勺子搅拌混合均匀，再将 E 相的水取约 1/3 与之混合均匀，倒入搅拌锅中。用 E 相剩余的水，先后分两次将小容器中残留的原料冲洗加入搅拌锅中，并慢速搅拌均匀。

⑦ 将 F 相的三乙醇胺加入搅拌锅中，然后用 F 相的水，先后分两次将盛装过三乙醇胺的小容器中残留的三乙醇胺冲洗加入搅拌锅中，并慢速搅拌均匀。

⑧ 降温至 35℃或至室温时，取样检测。

⑨ 检测合格后，用 500 目的洁净的滤布过滤出料，送到冷膏间储存。盛装化妆水的塑料桶要内衬新的塑料袋。

⑩ 灌装：化妆水半成品检测合格后灌装。

⑪ 包装：灌装好的化妆水用外盒包装。

⑫ 入库：包装好的化妆水成品检测合格后入库。

三、关键工艺控制点

1. 原料预处理

在化妆水的生产过程中，有些原料要进行预处理，否则可能无法制造出与配方要求相符的化妆水。不同的配方，要预处理的原料及处理方法可能会不一样。在本例中，有两个原料要进行预处理，一个是香精，另一个是卡波姆。

（1）香精的预处理　因为香精不溶于水，所以不能将香精直接加入搅拌锅中来制造化妆水。应将香精和增溶剂按一定比例进行混合，充分混合均匀，让增溶剂分子的亲水基、亲油基分别与水、香精结合，使香精能溶于水中，当它们加入其他原料中时，就可以制成均匀透明的化妆水。

（2）卡波姆的预处理　这种原料要在单独的容器中进行预处理。但本例化妆水的配方中，卡波姆940的含量很少，所以，生产时可直接把卡波姆940均匀地撒在常温水的表面，待它被水浸泡透彻、没有白点时，再进行后续操作。卡波姆如果还没有完全被水浸透，通常会有很多小结团产生，若不用均质机，则不容易在短期内溶解开，到了要出料的时候可能还会有很多结团，这在出料时会被滤去，也会堵住滤布。

2. 关键原料的投料

关键原料投料顺序、投料温度及机器搅拌速率等因素，可能会关系到产品是否能够被成功制造出来。本例化妆水的几个关键原料的投料操作如下。

（1）卡波姆940的投料　在搅拌锅内先加入足够量的水，然后再加入卡波姆940，并且要均匀地撒在水的表面，然后等待卡波姆940被水浸透、没有白点，才能开启搅拌。不然，会产生许多小结团，让后续操作不好处理，也会让搅拌桨上粘上卡波姆而不容易脱落。

（2）活性物的投料　因为库拉索芦荟提取物等活性物不耐高温，因此要等温度降到50℃以下时再投料，以免破坏其活性成分。

（3）香精的投料　要在温度较低时投入香精，以防温度太高会让香精挥发。需注意，香精必须先增溶，然后才能投料。

（4）三乙醇胺的投料　在卡波姆分散均匀后投入三乙醇胺。就本例化妆水生产而言，如果能保证卡波姆在搅拌锅内已经搅拌均匀了，随时可以加入三乙醇胺，再搅拌均匀就行。

3. 中间过程控制

中间过程控制是化妆品生产质量的重要保证，包括pH值的控制、黏度的控制等。在本例化妆水的生产过程中，中间过程控制主要有如下几项。

（1）pH值的控制　在加入三乙醇胺时，要注意检测pH值。要按照操作工艺上的方法添加，最后稍留下一些三乙醇胺，根据pH值检测结果决定是否要将三乙醇胺全部加完，或是否要补充三乙醇胺。

（2）温度　按生产操作工艺要求，设定控制温度，按要求升温或降温。过高的温度会影响甚至破坏部分原料，导致产品质量不合格。

（3）搅拌速率　按生产工艺要求，在开启搅拌时应是慢速搅拌。

4. 出料控制

出料控制主要是保证中间产品的清洁卫生。

① 对出料口要进行消毒，用 70%～75% 的消毒酒精以喷雾的方式对出料口进行消毒处理。

② 用滤布进行过滤，因为制成的料体中可能会有杂质。本例化妆水的过滤，使用 500 目滤布。

③ 盛装化妆水的塑料桶要内衬塑料袋。

5. 产品的储存

① 出料后的化妆水属于中间产品，应在冷膏间储存。冷膏间要有防鼠、防虫、防尘、防潮等设施，避免太阳光直射，靠近窗户的地方要有窗帘，温度不能太高，应控制在 35℃ 以内。

② 中间产品要有明显的有效标识，如名称、生产批号，还要有检验标示。合格品与不合格品要分区存放，以免灌装时弄错。

6. 灌装

① 灌装化妆水要在净化车间完成。中间产品检测合格后，将化妆水从冷膏间移到灌装车间进行灌装。

② 化妆水内包装材料应经过清洁，必要时须经过消毒处理。

③ 灌装机要清洗消毒，化妆水的灌装还要用专用的灌装机，尽量避免用灌装其他产品（如粉底液）的灌装机去灌装化妆水，因为容易有死角清洗不彻底，这种残留会带入化妆水中影响其品质。

④ 对于容易留下指纹的包装，如玻璃瓶、电镀盖子，要戴手套操作，以免将指纹留在包装上，影响销售。

7. 包装

包装是指将已经灌装完毕的化妆品放进纸盒或其他类似的产品外包装里。

① 对于容易留下指纹的包装，要戴好手套操作，以免将指纹留在包装上，影响销售。

② 要准确做好生产日期、生产批号等的标示，通常是用喷码机在内、外包装上进行标示。

四、常见质量问题及其原因分析

化妆水最常见的质量问题是静置一段时间后，产品出现半透明的、比较松散的絮状沉淀物。这种絮状物可能在搅拌或用力摇晃时消失，但一段时间后，又会重新出现。原因是絮状沉淀物在外力搅拌下，变成小于 50nm 的颗粒，静置一段时间后，它们又会重新聚集在一起，呈较大的絮状结团析出。

1. 原因分析

这种半透明的絮状沉淀物主要来自香精，也可能来自提取物或者水溶性油脂的杂质等。

2.解决办法

一般来说，通过增加增溶剂或者用普通的过滤方法是没有用的。因为它会轻松地通过滤布，而在静置之后又会重新集结析出。

可通过在化妆水中添加有一定悬浮能力的原料，以此来防止化妆水产生沉淀。这类具有防止产生沉淀的物料，最佳选择就是卡波姆。卡波姆 940 或卡波姆 941，也可以使用 U20、U21，它们在用碱中和后会呈网状结构，可以有效地解决沉淀的问题，只需微量添加 0.02% 或稍多即可。在这样较低的添加量下，不会影响外观，也不会影响喷雾效果，而且成本增加很少。

第三节　面膜贴

面膜贴（非乳化面膜贴，本节简称面膜）是护肤品的一个类别，主要是起到对面部皮肤补水、保湿、滋润以及营养、修护等功能。面膜由无纺布、面膜液和面膜袋三个部分构成。生产时，先将无纺布折叠成一定形状，放入特制的塑料膜袋中，然后灌入一定量的面膜液，最后用加热的方式将塑料膜袋的袋口热合封口，所以面膜又叫浸渍式无纺布面膜，这是目前市面上最常见的面膜类产品。

面膜液，也就是面膜的料体，是以水为载体，添加保湿、滋养、修护等成分，并加入适量高分子材料而制成的一种具有一定黏稠度的液体。配方中还要采用适量高分子材料来让面膜液具有一定的黏稠度，以保证面膜液在使用时尽量保持在面部而不流向脖子等其他身体部位。面膜的配方组成与化妆水相似。

一、典型配方与制备工艺

1.典型配方

面膜的典型配方见表 4-6。

表 4-6　面膜的典型配方

组相	商品名	原料名称	用量/%	作用
A	去离子水	水	加至 100	溶解
	丙二醇	丙二醇	5.0	保湿润肤
	1,3-丁二醇	丁二醇	4.0	保湿润肤
	甘油	甘油	2.0	保湿润肤
B	CARBOPOL 941	卡波姆 941	0.1	增稠
	Rhodicare T	黄原胶	0.05	增稠
	HA	透明质酸钠	0.06	保湿润肤
C	MHF	甜菜碱	2.0	保湿

続表

组相	商品名	原料名称	用量/%	作用
C	葡聚糖	β-葡聚糖	2.0	修护
	MHF-01	海藻糖	1.0	保湿
	BINACTI FF6	粉防己提取物	0.6	抗敏
	乙基己基甘油	乙基己基甘油	0.5	防腐
	马齿苋提取物	马齿苋提取物	0.5	抗敏
	CHA	辛酰羟肟酸	0.4	防腐
	HP	对羟基苯乙酮	0.4	防腐
	Dissolvine NA	EDTA二钠	0.05	螯合
D	CO40	PEG-40氢化蓖麻油	0.03	增溶香精
	香精	香精	0.01	赋香
	去离子水	水	0.5	溶解
E	TEA	三乙醇胺	0.1	pH调节剂中和卡波姆941
	去离子水	水	0.5	溶解

注：此面膜配方因为添加有抗过敏成分粉防己提取物、马齿苋提取物，对于普通人群的肌肤来说会非常温和，不会产生刺激作用。乙基己基甘油、辛酰羟肟酸、对羟基苯乙酮在配方中的实际目的是防腐，但目前在化妆品中不算防腐剂。

2. 制备工艺

将生产中用到的机器设备、盛装原料的容器，以及储存半成品面膜液的桶（或其他容器）清洗干净并消毒，按下列工艺进行生产操作。

① 将A相中的水称量好后加入洁净的搅拌锅中，再加入A相的其余原料（不必按顺序加入）。

② 将B相原料加入搅拌锅内，但卡波姆941要最后加，并且要小心地、均匀地将卡波姆941撒在搅拌锅内的水面上。待其被水湿润、无白点后，开始搅拌加热，加热到80~85℃。

③ 在80~85℃下搅拌保温15~25min后，开启冷却水降温。

④ 降温至约50℃时，加入C相原料，搅拌降温。

⑤ 将D相的PEG-40氢化蓖麻油和香精加入大小适当的洁净的小容器中，然后用小的搅拌器比如勺子搅拌混合均匀，然后将D相的水取约1/3与之混合均匀，倒入搅拌锅中。再用D相剩余的水，先后分两次对小容器进行冲洗，冲洗过的水

加入搅拌锅中，以保证将残留的原料全部加入并慢速搅拌均匀。

⑥ 将 E 相的三乙醇胺加入搅拌锅中，然后用 E 相的水，先后分三次将盛装过三乙醇胺的小容器中残留的三乙醇胺冲洗后加入搅拌锅中，并慢速搅拌均匀。

⑦ 降温至 35℃或至室温时，取样检测［主要理化指标：pH 值为 6.2～6.5；黏度（25℃）为 400～600mPa·s］。

⑧ 检测合格后，用 200 目以上的洁净的滤布过滤出料，送到冷膏间储存。

注意：盛装面膜液的塑料桶要内衬新的塑料袋。

⑨ 灌装：中间产品面膜液检测合格后灌装。

⑩ 包装：将灌装好的面膜，放入包装外盒中。

⑪ 包装好的面膜成品检测合格后入库。

二、关键工艺控制点

除灌装工艺外，面膜液的其他关键工艺控制点与化妆水相同。

面膜液灌装的关键工艺控制点如下。

① 灌装面膜液要在净化车间完成。中间产品检测合格后，将它从冷膏间移到灌装车间进行灌装。

② 面膜内包装袋，含已经放入袋内的无纺布，应经过辐照消毒。

③ 灌装机要清洗消毒处理。

④ 拿取面膜袋时要注意，尽量不要将指纹留在包装袋上，以免影响销售。

三、常见质量问题及其原因分析

面膜常见质量问题主要有以下几种。

1. 面膜布变形

开孔（眼睛、嘴唇部位的开口）变大。产生这个问题的原因是面膜布与面膜液发生冲突所致。因为面膜液要做成具有一定黏稠度的液体，一般为 400～600mPa·s。面膜液的增稠剂一般有卡波姆、黄原胶或者纤维素类高分子，也可添加纤维素类高分子作增稠剂。面膜布浸泡在含纤维素的面膜液中，可能会变形（开口或是开孔变得很大），使用时会让眼睛和嘴唇部位有过多的地方没有被面膜布覆盖。为了防止出现面膜布变形的问题，应避免使用纤维素。

2. 使用后刺激眼睛，过敏率较高

主要原因是面膜液配方中含有刺激性成分或过敏原。

在配方设计时，尽量避开刺激性原料，同时，如果配方成本允许，要考虑添加具有舒缓或抗敏作用的成分。

第四节　护肤啫喱

护肤啫喱属于化妆品分类中一般液态单元的啫喱类产品，它是一种外观为透明或半透明的胶冻状剂型化妆品。由于其外观鲜嫩，色彩鲜艳，呈透明或半透明果胶状，且使用感觉滑爽无油腻感而受到消费者的喜爱。

一、配方组成

护肤啫喱的配方组成见表 4-7。

表 4-7　护肤啫喱的配方组成

组分	常用原料	用量/%
溶剂	纯水、酒精	加至 100
凝胶剂	海藻胶、瓜尔胶、结冷胶、黄原胶、卡波姆、羟乙基纤维素、硅酸铝镁、丙烯酸（酯）类/C10-30 烷醇丙烯酸酯交联聚合物、聚丙烯酸酯交联聚合物-6	0.1～2
保湿剂	甘油、丙二醇、丁二醇、二丙二醇、海藻糖、葡聚糖、透明质酸钠、聚谷氨酸钠、三甲基甘氨酸、PCA 钠	0.01～10
乳化剂	吐温-20、氢化卵磷脂、西曲溴铵、1631	0.1～2
成膜剂	聚乙烯吡咯烷酮（PVP K30 系列）、丙烯酸酯类共聚物、VP/VA 共聚物	2～10
防腐剂	羟苯甲酯、苯氧乙醇、山梨酸钾、苯甲酸钠等	0.05～1
防腐增效剂	戊二醇、己二醇、辛甘醇、乙基己基甘油、馨鲜酮、辛酰羟肟酸、植物防腐剂等	0.1～3
活性成分/调理剂	氨基酸、胶原蛋白、烟酰胺、多肽、甘草酸二钾、EGF、神经酰胺、植物提取物、水溶性硅油、水溶性油脂等	0～20
中和剂	柠檬酸、柠檬酸钠、琥珀酸、琥珀酸二钠、精氨酸、氢氧化钾、氢氧化钠	0～2
香精	花香、果香、草本香、食品香等	0～0.5
增溶剂	PEG-40 氢化蓖麻油、POE 烷基醚	0～2
色素	根据流行色彩选择	0～1

二、典型配方与制备工艺

1. 典型配方

护肤啫喱的典型配方见表 4-8。

表 4-8　护肤啫喱的典型配方——芦荟胶

组相	商品名	原料名称	用量/%	作用
A	水	水	加至 100	溶解
B	甘油	甘油	4.0	保湿
	1,3-丁二醇	丁二醇	4.0	保湿
	1,2-戊二醇	戊二醇	1.0	防腐增效
	卡波姆 980	卡波姆	0.6	增稠
C	汉生胶 CG-T	黄原胶	0.05	增稠
	透明质酸钠	透明质酸钠	0.05	保湿
	尼泊金甲酯	羟苯甲酯	0.2	防腐
	EDTA-2Na	EDTA 二钠	0.05	螯合
D	水	水	8.0	溶解
	氢氧化钾	氢氧化钾	0.18	调节 pH 值
E	PEG-40 氢化蓖麻油	PEG-40 氢化蓖麻油	0.5	增溶
	芦荟香精	香精	0.05	赋香
F	芦荟提取物	库拉索芦荟提取物	10.0	保湿
	苯氧乙醇	苯氧乙醇	0.5	防腐
G	水	水	1.0	溶解
	果绿色素	CI 42090 CI 19140	适量	赋色

2. 制备工艺

① 将 A 相的水加入乳化锅。

② 加入预混合均匀的 B 相原料，搅拌均匀，必要时可以开低速均质辅助分散。

③ 分别加入 C 相原料，加热至 80～85℃，搅拌溶解。

④ 边搅拌边缓慢加入预溶解的 D 相原料，搅拌中和成透明啫喱。

⑤ 降温至 40～45℃，边搅拌边缓慢加入预混合均匀的 E 相原料，F 相原料、预溶解的 G 相原料，搅拌溶解完全。

⑥ 降温至 25～35℃，取样检测，合格后出料。

三、生产工艺

啫喱类化妆品的生产工艺流程如图 4-5 所示。

可见，啫喱类化妆品的生产工艺流程相对简单，主要包括预混预处理、搅拌

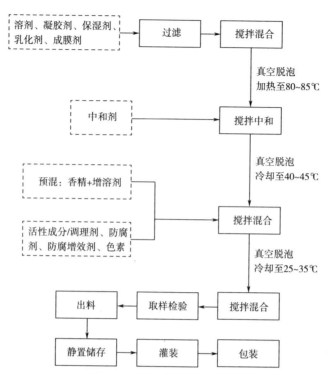

图 4-5　啫喱类化妆品的生产工艺流程图

混合、加热、中和、真空脱泡、取样检验、出料、净置、灌装、包装。

四、关键工艺控制点

1. 预处理

对于透明体系，原料的预溶解预处理部分在生产过程中非常重要，比如香精，与适当的溶剂或者增溶剂充分溶解混合再加入体系中，可使啫喱澄清透明，同时可减少增溶剂的使用。

2. 关键原料的投料

① 溶剂、凝胶剂、保湿剂、乳化剂、成膜剂等原料过滤后投入乳化锅，搅拌混合并加热至 80～85℃，确保所有原料溶解均匀。

② 再加入中和剂进行中和，此时黏度会明显提高，降温至 40～45℃，加入预混增溶的香精及其他原料，搅拌混合至所有原料溶解完全。

③ 降温至 25～35℃，取样检验。

3. 中间过程控制

（1）搅拌混合控制　啫喱类的搅拌混合特别重要，搅拌速率和力度都需要适度控制，避免搅入空气，形成难以脱除的气泡。同时要注意凝胶剂需要溶解完全，否则容易结团，必要时可以开慢速均质帮助溶解。料体抽入乳化锅时要进行过滤，去除不溶性杂质，中和成凝胶后就很难过滤。

（2）真空脱泡控制　啫喱类化妆品含有大量凝胶剂，悬浮能力强，一旦产生气泡，就不容易消掉，因此生产过程要特别注意及时消泡。在加入中和剂前，料体一般黏度还比较低，尽量抽高真空脱泡，如果泡沫太多，可以稍微升温，反复抽真空——真空循环操作消泡，或者喷洒少量酒精喷雾消泡。加入中和剂中和后，料体立即变得透明黏稠，再次观察料体是否有泡沫，如有，则需要继续真空脱泡。然后保持真空状态下边搅拌边冷却，注意搅拌速率尽可能慢，避免再次搅入气泡。因为料体冷却后气泡就很难消除。

4. 出料控制

① 取样检测，对于啫喱类配方首先要测试 pH 值和黏度是否符合标准要求。

② 其次要与标准样品对比澄清度。

③ 合格后出料，出料过程要缓慢，避免混入空气产生气泡。

5. 储存

料体密封存放于静置间，等待微生物检验结果合格后安排灌装。

6. 灌装

啫喱类产品的灌装，要特别注意避免灌装时灌装机不要带入空气，同时将料体输送到灌装机的过程中也要尽量避免产生气泡。

7. 包装

灌装好的产品，包装喷码入库，成为成品。质检部门抽样检测，合格后发放合格证。

五、常见质量问题及其原因分析

啫喱类产品生产要求较高，质量问题很容易被发现。如果把关不好，可能出现杂质异物、膏体粗糙、黏度异常、起皮干缩、鱼眼结团等质量问题。

1. 杂质异物

原料不纯带入不可溶的杂质，或受到污染带入蚊虫、微生物等异物，要从物料和微生物两个方面防止异物进入配方体系中，避免产生不可控的安全风险。

生产过程也是带入杂质异物的因素之一。乳化锅、管道、设备、阀门等因为清洗不彻底引入异物。乳化锅的顶盖内壁，以及上面的加料入口、观察口、真空口等是最容易被忽视的死角，这些是杂质和微生物隐藏的死角。密封圈老化、刮板老化、转运桶及工具掉落的碎屑都可能成为产品中的异物。

2. 膏体粗糙

膏体粗糙包括两种情况：膏体表面粗糙和膏体内部粗糙。

① 膏体表面粗糙通常是膏体静置一段时间以后变得表面粗糙，通常因为膏体

气泡太多所致，当然也包括其他原因引起的。膏体中含有气泡太多，在静置一段时间以后，气泡会浮到表面造成膏体表面粗糙，引起消费者不信任，所以控制生产工艺制备过程非常重要。

② 膏体内部粗糙通常是指膏体表面经过流平看上去很有光泽，但是当有手指头挑开出现粗糙的表面，常常是与高分子凝胶剂有关，一方面是凝胶剂溶解中和可能不完全、不充分；另一方面是受电解质影响，出现局部收缩结团，出现不均匀的软性团状物。

3. 黏度异常

特别是黏度下降，主要原因是成分不稳定，存放过程中出现电导率变化，释放出新的电解质或酸；另一个原因是微生物繁殖，导致黏度下降；还有一个原因是紫外光照射导致凝胶剂高分子化学键断裂等。

4. 起皮干缩

成品存放一段时间后，重新打开盖子，出现膏体表面结皮或干缩，与此同时净含量会出现偏少的情况。

原因通常是包装密封性不好，或者是包装材料的水阻隔性差。通常认为塑料包装是不透水的，事实上，在显微镜下，高分子塑料包装也是千疮百孔，类似织物一般，太薄时水分子可以缓慢透过它们跑到空气中，尤其是部分袋装的塑料膜，其厚度较薄，水分子更容易透出。

5. 鱼眼结团

鱼眼结团是使用高分子材料时常常遇到的问题，高分子材料在水中溶解往往需要一个过程，如果投料太快，粉团太大，水从粉团外部开始溶解，逐渐往里面渗透，造成水分进入内部困难，最终造成粉团表面润湿，但是内部水分无法进入，形成像鱼眼一样的颗粒团，影响产品外观。

第五章　膏霜乳液单元化妆品的生产工艺

膏、霜、乳、液实际是代表由高到低4种不同稠度的状态。膏霜乳液单元化妆品都属于乳化类的化妆品。乳化类产品在一般情况下，可以根据结构分为水包油型乳化体（O/W）和油包水型乳化体（W/O）。根据用途，可分为护肤膏霜乳液、乳化型护发化妆品、乳化型粉底、乳化型染发剂等。

第一节　护肤膏霜乳液

护肤膏霜乳液是最常见的护肤品，按照使用功能可以有保湿、抗皱、美白、防晒、修护、舒缓等一种或多种护肤功效。

一、配方组成

护肤膏霜乳液类化妆品的配方组成见表5-1。

表 5-1　护肤膏霜乳液类化妆品的配方组成

组分	常用原料	用量/%
溶剂	纯水、酒精等	加至 100
润肤剂	动植物油脂、矿物油脂、蜡、脂肪酸、脂肪醇、聚二甲基硅氧烷、环聚二甲基硅氧烷等	1～50
防晒剂	甲氧基肉桂酸辛酯、奥克立林、丁基甲氧基二苯甲酮、纳米二氧化钛、纳米氧化锌等	适量
填充剂	滑石粉、云母粉、硅石等	0.1～5
增稠剂	海藻胶、瓜尔胶、结冷胶、黄原胶、卡波姆、羟乙基纤维素、硅酸铝镁、丙烯酸（酯）类/C10-30 烷醇丙烯酸酯交联聚合物、聚丙烯酸酯交联聚合物-6 等	0.1～2
保湿剂	甘油、丙二醇、丁二醇、二丙二醇、海藻糖、葡聚糖、透明质酸钠、聚谷氨酸钠、三甲基甘氨酸、PCA 钠等	0.01～10
乳化剂	司盘吐温类、脂肪醇聚氧乙烯醚类、烷基糖苷类、多元醇酯类、天然乳化剂、高分子乳化剂、阳离子乳化剂、聚硅氧烷乳化剂等	0.5～5
成膜剂	聚乙烯吡咯烷酮（PVP K30 系列）、丙烯酸酯类共聚物、VP/VA 共聚物等	2～10
防腐剂	羟苯甲酯、苯氧乙醇、山梨酸钾、苯甲酸钠等	0.05～1
防腐增效剂	戊二醇、己二醇、辛甘醇、乙基己基甘油、馨鲜酮、辛酰羟肟酸、植物防腐剂等	0.1～3
活性成分/调理剂	氨基酸、胶原蛋白、烟酰胺、多肽、甘草酸二钾、神经酰胺、植物提取物、水溶性硅油、水溶性油脂等	适量

组分	常用原料	用量/%
中和剂	柠檬酸、柠檬酸钠、琥珀酸、琥珀酸二钠、精氨酸、氢氧化钾、氢氧化钠、三乙醇胺等	适量
香精	护肤品用香精	适量
色素	根据流行色彩选择	适量

二、典型配方与制备工艺

1. 典型配方

防晒乳液的典型配方见表 5-2。

表 5-2 典型配方——防晒乳液 (O/W 型)

组相	商品名	原料名称	用量/%	作用
A	水	水	加至 100	溶解
	卡波姆 981	卡波姆	0.30	增稠
	EDTA-2Na	EDTA 二钠	0.05	螯合
B	甘油	甘油	2.00	保湿
	1,3-丁二醇	丁二醇	3.00	保湿
	汉生胶 CG-T	黄原胶	0.05	增稠
	透明质酸钠	透明质酸钠	0.05	保湿
C	Escalol 557	甲氧基肉桂酸辛酯	8.00	防晒
	Escalol 587	水杨酸辛酯	4.00	防晒
	Escalol 517	丁基甲氧基二苯甲酰基甲烷	2.50	防晒
	CrodafosMCK	鲸蜡醇磷酸酯钾	3.00	乳化
	$C_{12\sim15}$苯酯	$C_{12\sim15}$烷基苯甲酸酯	9	润肤
	碳酸二辛酯	碳酸二辛酯	2	润肤
	微晶蜡	微晶蜡	0.80	润肤
	维生素 E	生育酚	0.20	抗氧化
D	水	水	8.00	溶解
	氢氧化钾	氢氧化钾	0.09	调节 pH 值
E	Euxyl PE9010	苯氧乙醇乙基己基甘油	0.50	防腐
F	香精	香精	0.05	增香

2. 制备工艺

① 将 A 相的原料依次加入乳化锅。

② 加入预混合均匀的 B 相原料，搅拌均匀，必要时可以开低速均质辅助分散，加热搅拌至 80～85℃，必要时抽真空脱泡。

③ 油锅中分别加入 C 相原料，加热至 80～85℃，搅拌溶解。

④ 将油锅中的油相原料抽入乳化锅，在抽真空条件下均质乳化，降温搅拌。

⑤ 边搅拌边缓慢加入预溶解的 D 相原料。

⑥ 降温至 40～45℃，边搅拌边缓慢加入预混合均匀的 E 相原料、F 相原料，搅拌混合均匀。

⑦ 降温至 25～35℃，取样检测，合格后出料。

三、生产工艺

乳化类化妆品的生产工艺流程主要包括水相、油相原料分别预混预处理、加热、搅拌混合、均质乳化、中和、真空脱泡、取样检验、出料、静置储存、灌装、包装。

护肤膏霜乳液类化妆品生产工艺流程如图 5-1 所示。

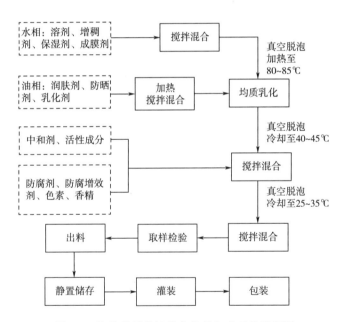

图 5-1　护肤膏霜乳液类化妆品生产工艺流程图

在实际生产过程中，有时虽然采用同样的配方，但是由于操作时温度、乳化时间、加料方法和搅拌条件等不同，制得产品的稳定度及其他物理性质也会不同，有时甚至会相差悬殊。因此根据不同的配方和不同的要求，采用合适的配制方法，才能得到质量较高的产品。

四、关键工艺控制点

1. 预处理

(1) 油相的调制　将油、脂、蜡、乳化剂和其他油溶性成分加入夹套溶解锅内，开启蒸汽加热，在不断搅拌条件下加热至80℃，使其充分熔化或溶解均匀待用。要避免过度加热和长时间加热，以防止原料成分氧化变质。容易氧化的油分、防腐剂和乳化剂等可在临近乳化操作时加入油相，溶解均匀，即可进行乳化。

(2) 水相的调制　先将去离子水加入夹套溶解锅中，将水溶性成分如甘油、丙二醇、山梨醇、水溶性乳化剂等加入其中，搅拌下加热至85℃，维持30min灭菌，然后冷却至70～80℃待用。如配方中含有水溶性聚合物，可选择单独配制，将其溶解在水中，在室温下充分搅拌使其均匀溶胀，防止结团，如有必要可进行均质，在乳化前加入水相。要避免长时间加热，以免引起黏度变化。为补充加热和乳化时挥发掉的水分，可按配方多加3%～5%的水，精确数量可在第一批制成后分析成品水分而求得。

2. 关键原料的投料

(1) 中和剂的加入　以卡波姆作增稠剂，一般在乳化后再加入中和剂进行中和，此时黏度会明显提高，降温至40～45℃，加入预混增溶的香精及其他原料，搅拌混合至所有原料溶解完全。

(2) 香精的加入　香精是易挥发性物质，而且其组成十分复杂，在温度较高时，不仅容易损失，还会发生一些化学反应，使香味变化，也可能引起颜色变深。因此，通常化妆品中香精的加入都是在后期进行，一般在45℃以下时加入香精。

(3) 防腐剂的加入　防腐剂的加入要依据其溶解性和温度敏感性。乳液类化妆品含有水相和油相，而常用的防腐剂如果是水溶性的，可在其耐受温度下加入水相。如果是油溶性的，常把防腐剂先加入油相中，然后再去乳化。对于O/W型乳化体，更好的方式是待油水相混合乳化完毕后加入，这时可获得水中最大的防腐剂浓度。防腐剂大多不耐高温，需在低温加入。但加入温度不能过低，否则容易分布不均匀。有些固态的防腐剂最好先用溶剂溶解后再加入。

3. 乳化过程

乳化过程中，油相和水相的添加方法（油相加入水相或水相加入油相）、添加的速度、搅拌条件、乳化温度和时间、乳化剂的结构和种类等对乳化体粒子的形状及其分布状态都有很大影响。乳化操作的条件影响乳化体的稠度、黏度和乳化稳定性。

(1) 搅拌条件　乳化体颗粒大小与搅拌强度和乳化剂用量均有关系，过分的强烈搅拌对降低颗粒大小并不一定有效，还容易将空气混入。一般情况是，在开始乳化时采用较高速搅拌对乳化有利，在乳化结束进入冷却阶段后，则以中等速度或慢速搅拌有利，这样可减少混入气泡。

（2）加入方式　在制备 O/W 型乳化体时，采用反相的方法可以获得更小更均匀的粒径分布，即在激烈的持续搅拌下将水相加入油相中，且高温混合较低温混合好。在制备 W/O 型乳化体时，建议在不断搅拌下，将水相慢慢地加入油相中去，可制得内相粒子均匀、稳定性和光泽性好的乳化体。

（3）混合速率

① 分散相加入的速度和机械搅拌的快慢对乳化效果十分重要，可以形成内相完全分散的良好乳化体系，也可形成乳化不好的混合乳化体系，后者主要是内相加得太快和搅拌效力差所造成。

② 对内相浓度较高的乳化体系，内相加入的流速应比内相浓度较低的乳化体系为慢。采用高效的乳化设备比搅拌差的设备在乳化时流速可以快一些。

③ 由于化妆品组成的复杂性，配方与配方之间有时差异很大，对于任何一个配方，都应进行加料速率试验，以求最佳的混合速率，制得稳定的乳化体。

（4）均质速率

① 均质的速度和时间因不同的乳化体系而异。

② 含有水溶性聚合物的体系，均质的速度和时间应加以严格控制，以免过度剪切，破坏聚合物的结构，造成不可逆的变化，改变体系的流变性质。

③ 如配方中含有温度敏感的添加剂，则应在乳化后较低温下加入，以确保其活性，但应保证其溶解充分或分散均匀。

（5）乳化温度控制　乳化温度，包括乳化时与乳化后的温度。由于温度对乳化剂溶解性和固态油、脂、蜡的熔化等的影响，乳化时温度控制对乳化效果的影响很大。温度太低，乳化剂溶解度低，且固态油脂、蜡未熔化，乳化效果差；温度太高，加热时间长，冷却时间也长，浪费能源，加长生产周期。

通常使油相温度控制在高于其熔点 $10\sim15℃$，而水相温度则稍高于油相温度。膏霜类一般在 $70\sim80℃$ 的条件下进行乳化。

4. 冷却

冷却方式一般是将冷却水通入乳化锅的夹套内，边搅拌，边冷却。冷却速率、冷却时的剪切应力、终点温度等对乳化体系的粒子大小和分布都有影响，必须根据不同乳化体系，选择最优条件。特别是从实验室小试转入大规模工业化生产时尤为重要。

5. 出料控制

乳化后，乳化体系要冷却到接近室温。卸料温度取决于乳化体系的软化温度，一般应使其借助自身的重力，能从乳化锅内流出为宜。当然也可用泵抽出或用加压空气压出。

取样检测，对于润肤乳化类配方一般要测试半成品的 pH 值和黏度是否符合标准要求，其次要与标准样品对比感官指标，合格后出料。

6. 储存

半成品料体存放于静置间，一般是储存陈化几天后再灌装。灌装前需对半成品进行质量评定，包括感官、理化及微生物指标全部达到半成品合格标准后方可进行灌装。

7. 灌装

润肤膏霜乳液类产品的灌装，要确保达到标识克重或容量，还要特别注意避免灌装过程的异物或微生物污染。

8. 包装

灌装好的产品，包装、喷码、入库，成为成品。质检部门进行成品抽样检测，合格后发放合格证。

五、常见质量问题及其原因分析

护肤膏霜乳液类化妆品是主要的护肤品类型，常见的质量问题有失水干缩、颜色泛黄、膏体泛粗、分层等。

1. 失水干缩

膏霜乳液为 O/W 型乳化体，外相为水相，保质期内造成此类膏体失水干缩的主要原因有：包装容器密封不好、长时间放置于高温环境。另外，膏霜中缺少保湿剂时，也会导致失水干缩。

2. 颜色泛黄

香精含有易变色成分，如醛类、酚类等，这些成分日久氧化、日光照射或与其他原料作用后色泽泛黄，因此无香精的基体及加入香精的基体须进行平行对照稳定性测试，以判断是否为香精引起的变化。

变色如果是基体中的成分导致的，可能是选用的原料不稳定，易被空气、日光、水分氧化。当存在铜、铁等金属离子时，变色过程加速，故生产应采用去离子水和不锈钢设备。对于不稳定原料可以改用更为稳定的原料，也可从配方、工艺、包材等几方面减少或抑制变色的因素。

3. 膏体泛粗

膏体泛粗有可能是乳化剂使用不当、乳化均质力度不够导致。高级脂肪酸等固态油性原料受温度波动影响，发生再次溶解析出，也可能导致膏体外观变粗。

4. 分层（析水、析油）

分层是严重的乳化体破坏现象，多数是由于配方中乳化剂、增稠剂选择不当所致。如有的乳化剂不耐离子，当膏霜中含有较多电解质时，乳化剂会被盐析，乳化体必然被破坏。另外，加料方法和顺序、乳化温度、搅拌时间、冷却速率等不同也会引起膏霜不稳定，所以每批产品的生产应严格按照同样的操作工艺进行。

5. 微生物污染

化妆品中微生物的污染按其来源分为一次污染和二次污染。一次污染包括原料污染和生产过程污染，如用水不达标，加热灭菌时间短，反应容器及盛料、装瓶容器未彻底清洁，原料被污染，包装放置于环境潮湿、尘多的地方。二次污染是指产品在运输、储藏、销售以及消费使用过程中，被微生物污染，如半成品储存空间未经紫外线灯的消毒杀菌，使用时不注意卫生、使用后未盖紧盖子等。降低产品微生物污染风险，首先要为配方选择合适的防腐体系并通过防腐效力验证，其次要控制好导致污染的因素，特别要做好对用水、原料、包材、生产环节及半成品的微生物检测。

6. 皮肤不良反应

化妆品质量不合格，生产、运输、储存过程中发生微生物污染，不法生产者为追求使用效果而超限度使用限用物质或非法添加激素等药物，消费者未按照说明书指示使用，适用人群、使用部位或使用量不当等，都有可能导致皮肤不良反应。质量合格的产品由于使用者皮肤条件的差异，也有可能发生不良反应，因此不能认为发生了不良反应就一定是产品质量存在问题。

7. 起面条（搓泥）

产品本身含有过多容易导致搓泥的成分（高分子增稠剂、硅胶弹性体、粉体等）是造成产品在皮肤上涂敷后起面条的主要原因。产品的叠加使用，也可能出现这种现象，如使用粉底后，再使用含有卡波姆的护肤乳液。

第二节　乳化型护发产品

护发产品是指具有收紧和抚平毛鳞片、滋润修护头发，使头发柔软、亮泽、松爽的日用化学制品。常见护发产品的品种有护发素、焗油膏/发膜、护发精华、护发油等。

发膜主要针对发质受损严重人群。发膜的配方一般比焗油膏、护发素、免洗型发乳等配方中含有更多的硅油和聚季铵盐、阳离子聚合物、蛋白质等调理成分，可对受损的头发进行调理。发质受损严重的人群在每次洗发后都要用到发膜。

免洗型发乳配方为防止过多的调理成分使头发产生黏腻感觉，配方总固体含量是所有上述护发产品中最低的，通常在有需要时才会使用。

护发素比免洗型发乳有更多的调理成分，适合正常发质人群进行修护，每周可使用2～3次。

焗油膏针对受损发质人群，焗油膏的调理作用比护发素强，尤其对烫过的或干性头发有效。早期，每次焗油需加热辅助完成，消费者感到不方便，2000年后由于配方中大量使用硅油和聚季铵盐、阳离子聚合物、蛋白质等，焗油膏配方也可做到不用蒸汽加温也能达到焗油的效果。

本节主要介绍护发素的生产工艺，其他乳化类护发产品的生产工艺可以根据本节内容举一反三。

一、配方组成

护发素属于乳化体，其配方组成见表5-3。

表 5-3　护发素的配方组成

组分	常用原料	用量/%
溶剂	水、甘油、丙二醇	适量
发用调理剂	油脂（酯）：动物油脂、植物油脂、硅油等	1~3
	阳离子聚合物：山嵛酰胺丙基二甲胺、季铵盐-82	1~3
乳化剂	PEG-20 硬脂酸酯、甘油硬脂酸酯、西曲氯铵、硬脂基三甲基氯化铵	1-3
增稠剂	硬脂酸、鲸蜡醇、鲸蜡硬脂醇、纤维素类、蜂蜡类等	3~10
发用功效剂	营养剂、保湿剂、护色剂、护卷剂、抗过敏剂等	适量
配方助剂	螯合剂、缓存冲剂、抗氧化剂、紫外线吸收剂等	0.1~1
感官调整剂	颗粒、闪粉、色素、植物提取液等	0.01~1
防腐剂	甲基异噻唑啉酮、卡松、羟苯甲酯、羟苯丙酯等	0.1~1
pH 调节剂	柠檬酸、乳酸、氢氧化钠、精氨酸、三乙醇胺等	适量
赋香剂	水溶性香精、油溶性香精、纯露、精油等	0.3~1

二、典型配方与制备工艺

1. 典型配方

漂洗型护发素的典型配方见表5-4。

表 5-4　漂洗型护发素的典型配方

组相	商品名	原料名称	用量/%	作用
A	16/18 醇	鲸蜡硬脂醇	7.00	增稠、助乳化
	BAPDA	山嵛酰胺丙基二甲胺	2.00	发用调理、乳化
	1831	硬脂基三甲基氯化铵	3.50	发用调理、乳化
	乳酸	乳酸	0.65	调节 pH 值

组相	商品名	原料名称	用量/%	作用
B	去离子水	去离子水	余量	溶解
	尿囊素	尿囊素	0.30	抗敏、保湿
	HHR-250	羟乙基纤维素	1.25	增稠
C	QF-862	氨端聚二甲基硅氧烷	2.00	调理
	JS-85S	蚕丝胶蛋白、PCA 钠	2.00	保湿、修护
D	C200	2-溴-2-硝基丙烷-1,3-二醇、甲基异噻唑啉酮	0.10	防腐
	香精	香精	0.80	赋香
E	柠檬酸	柠檬酸	0.40	调节 pH 值

2. 制备工艺

① 向乳化锅中加入 B 相的去离子水和 HHR-250，搅拌（10r/min），使其分散均匀，升温至 85℃，加入尿囊素，搅拌均匀，保温 20min。

② 向油相锅中加入 A 相，升温至 85℃，搅拌，混合均匀。

③ 油相和水相温度达到后，将油相抽到乳化锅中，均质（40r/min）600s，保温 20min。

④ 温度降至 60℃，加入 C 相，搅拌（15r/min），混合均匀。

⑤ 温度降至 40℃，加入 D 相，搅拌，混合均匀。

⑥ 加入 E 相，调整 pH 至 4.5～5.5 后，用 200 目过滤布过滤出料。

三、生产工艺

图 5-2 为护发素的生产工艺流程图。

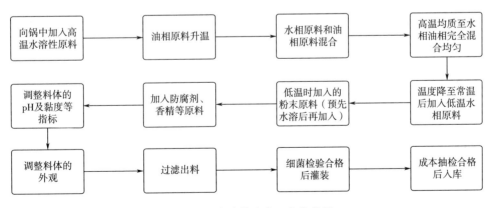

图 5-2　护发素的生产工艺流程图

1. 准备工作

配制护发素的容器应是有水相锅、油相锅和有均质机的可抽真空乳化的不锈钢蒸汽加热机组，生产过程中应采用不锈钢或塑料的容器和工具。

2. 水相的制备

先将去离子水加入水相锅中，再将阳离子表面活性剂、水溶性成分、水溶性乳化剂加入其中，开启蒸汽加热，搅拌加热至85℃，维持30min灭菌后待用。如配方中含有水溶性聚合物，应单独配制，将其溶解在水中，在室温下充分搅拌使其溶胀，防止抱团结块，如有必要可以进行均质，在乳化前加入水相。要注意避免过长时间的加热，以免引起原料受热发生化学变化。

3. 油相的制备

将油脂、油溶性乳化剂、其他油溶性成分加入油相锅内，开启蒸汽加热，在不断搅拌条件下加热至75~80℃，使其充分熔化或溶解均匀待用。要避免温度过高以及加热时间过长，以防止油相原料酸败变质。容易氧化的油分、防腐剂和乳化剂等可在乳化之前加入油相，溶解均匀后迅速抽入真空乳化锅中进行乳化。

4. 乳化和冷却

上述油相和水相原料通过过滤器按照一定的顺序加入乳化锅内，在75~80℃下进行一定时间的搅拌、均质和乳化。冷却至45℃，搅拌加入香精、色素及其他低温原料，搅拌混合均匀。冷却到接近室温，取样检验，感官指标、理化指标合格后出料。

5. 陈化和灌装

静置储存陈化2天后，耐热、耐寒和微生物指标经检验合格后方可进行灌装。

四、关键工艺控制点

1. 原料的储存

仓库的环境必须是干燥、通风的，并应该明亮、清洁。仓库内应有防鼠、防潮、防霉变、隔热措施，严禁烟火，配备适量的消防器材。必须要注意原料本身的理化特性，选择相关原料最佳的存放条件，并且应该将部分易燃、易爆、有挥发性、有毒性、有腐蚀性的原料放到安全原料存放仓中，并定期检查安全原料存放仓的环境变化。

（1）粉料　应储存在干燥清洁的库房内，置于阴凉干燥的地方确保通风，注意防潮。

（2）发用功效剂　应储存在干燥清洁的库房内，不得露天堆放，应避免雨淋或受潮。一些需要低温保存的原料应该配备冰箱确保在适宜的温度下保存。

（3）香精　避光，通风干燥处，密封保存。存放温度不宜超过26℃，也不宜低于10℃。

2. 预处理

① 纤维素需要先用水溶胀后再加入锅中。

② 香精类原料需要预溶混合后才能使用。

3. 关键原料的投料

① 纤维素预先用多元醇或纯水分散。

② 油相加入后应保证锅内料体在 85℃以上，保证水油充分乳化。

③ 其他原料都加入混合均匀后，先调整料体的 pH，再加入香精和色素，最后调整料体的黏度。

4. 中间过程控制

① 料体的感官：外观、色泽、香味等符合产品标准要求。

② 料体的比重：符合产品标准要求。

③ 料体 pH 值：符合产品标准要求。

④ 料体稠度（内控）：符合产品标准要求。

5. 出料控制

① 膏体经半成品检测合格后可以出料。

② 出料过程应先将管道中残留的水分排空。

③ 出料过程应注意管道密封性，防止管道混入空气，造成膏体质量不合格。

6. 储存

① 半成品料体打入移动储罐或者固定储罐中。

② 半成品料体在储罐储存，应防止料体冷凝水回流，尽快灌装，防止微生物污染。

③ 半成品料体应储存在专门存放半成品料体的区域，保持干燥阴凉。

7. 灌装

① 灌装设备必须消毒验证后，才能使用。

② 开机前需要检查灌装料体半成品标准中的感官指标是否合格。

③ 灌装首件产品与标准样板进行确认，检查合格后，正式进行灌装。

④ 灌装过程，定时对灌装护发素进行净含量检测，保证在净含量标准要求范围内。

⑤ 灌装过程，现场 QC 应定期进行巡检，确保灌装过程产品质量。

8. 包装

符合 QB/T 1975—2013 的要求。

① 包装印刷的图案与字迹必须整洁、清晰，不易脱落。

② 包装标签必须准确，不应贴错、贴漏、倒贴、脱离。

③ 包装上必须有正确的生产日期或有效期。

④ 成品需要保持产品直立放置，禁止将产品平放或倒放。

五、常见质量问题及其原因分析

1. 料体变色

护发素、焗油膏最常见的问题就是料体放置较长时间后，会发黄或褪色。主要原因有以下几点。

（1）紫外线照射导致变色发黄　紫外线照射通常难以避免，尤其产品使用透明包材。

（2）阳离子化合物含量高　阳离子化合物在高温、光照等情况会析出氨而引起变色。

（3）油脂被氧化　在高温、光照情况下，油脂容易被氧化，油脂被氧化时呈现出黄色。

（4）色素稳定性差　有些色素本身稳定性较差，在设计产品配方时应避免使用这些稳定性差的色素。

（5）色素与配方中的某些原料发生反应　某些色素和某些原料同时使用时，变色或褪色的情况会更严重。这种情况需要通过做稳定性测试观察后寻找具体解决方案。

2. 其他常见问题

除了变色问题，还有变稀、变味、pH 发生变化等质量问题。表 5-5 列举了护发素、焗油膏其他常见质量问题的分析和解决办法。

表 5-5　护发素、焗油膏常见质量问题的分析及解决办法

质量问题	具体表现	原因分析	解决办法
变稀	料体稠度大幅下降	①增稠剂或防腐剂使用不当；②原料中微生物或有机物超标	①选用合适的增稠剂和防腐剂；②严格控制原料质量、操作工艺和制膏环境
变味	香味明显发生变化，甚至发出臭味	①香精或防腐剂使用不当；②香精与其他组分发生反应	①选用合适的香精和防腐剂；②控制生产工艺和生产环境
pH 发生变化	膏体 pH 超出标准范围	①香精使用不当；②酸碱缓冲剂使用不当	使用适宜的香精和酸碱缓冲剂
细菌总数发生变化	膏体菌落总数出现上升，甚至超出标准范围	①防腐剂使用不当；②生产环境卫生不达标	①使用适宜的防腐剂；②严格控制生产环境卫生状况

质量问题	具体表现	原因分析	解决办法
功效成分含量发生变化	膏体中功效成分的含量出现下降	功效成分与其他组分发生反应	①选用合适的功效成分；②添加其他组分阻止功效物质发生化学反应；③通过包裹等技术将功效物质隔离起来

第三节　乳化型粉底

乳化型粉底类化妆品，根据用途可以分为粉底液、BB霜、CC霜等，以及气垫底妆产品（如气垫BB霜、气垫CC霜、气垫粉底液等）；根据剂型可以分为水包油型（O/W）、油包水型（W/O）、硅油包水型（W/Si）以及硅油＋油包水型[W/(Si＋O)]。

一、配方组成

从配方的结构上讲，粉底液、BB霜没有太大的区别，配方主要由油脂类成分、水相成分、乳化剂、粉类成分、增稠悬浮剂、成膜剂、防腐剂、芳香剂、防晒剂等组成。粉底液、BB霜的主要配方组成见表5-6。

表5-6　粉底液、BB霜主要配方组成

组分	常用原料	用量/%
油脂	植物油、合成油、三甘油酯、支链脂肪醇、脂肪酸酯、硅油类	15～20
乳化剂	非离子表面活性剂或阴离子表面活性剂	3～5
流变调节剂	羟乙基纤维素、黄原胶、卡波姆	0.05～0.25
保湿剂	多元醇类	5～20
粉质原料	钛白粉、氧化锌类	5～20
防腐剂	羟苯甲酯、羟苯丙酯，苯氧乙醇	0.5～1.5
抗氧化剂	生育酚、BHT/BHA	0.05～0.5
着色剂	酸性稳定的着色剂	0.5～5
香精香料	香精、精油	0.05～0.15

二、典型配方与制备工艺

1.水包油型（O/W）BB霜（一）

（1）典型配方　水包油型（O/W）BB霜（一）的典型配方见表5-7。

表 5-7　水包油型（O/W）BB 霜（一）典型配方

组相	原料名称	用量/%	作用
A	液体石蜡	7.0	润肤
	蜂蜡	1.0	增稠
	鲸蜡硬脂醇	2.0	助乳化、增稠
	肉豆蔻酸异丙酯	5.0	润肤
	羊毛脂	3.0	润肤
	聚山梨醇酯-60	3.0	乳化
	山梨坦硬脂酸酯	1.5	乳化
	CI 77491	0.05	着色
	CI 77492	0.15	着色
	CI 77499	0.01	着色
B	水	加至 100	溶解
	二氧化钛	8	遮瑕
B1	甘油	1	保湿
	黄原胶	0.3	增稠
C	香精	适量	赋香
	苯氧乙醇/乙基己基甘油/1,2-己二醇/丁二醇	适量	防腐
D	聚丙烯酸酯-13/聚异丁烯/聚山梨醇酯-20	0.6	乳化、增稠

（2）制备工艺

① 称入水相（B 相），将钛白粉高速分散均匀后，再依次加入 B1 相，边搅拌边加热至 80℃，恒温搅拌至汉生胶完全溶解。

② 称量油相（A 相）并加入色粉粉料，边搅拌边加热至 80℃（至所有固体油融化）。

③ 将油相用均质机分散均匀后重新保温到 80℃，备用。

④ 将油相 A 缓慢加入水相 B 中，恒温高速搅拌 1min，均质 3min。

⑤ 降温搅拌至 45℃，加入 C 相香精、防腐剂并补水。

⑥ 加入 D 相调黏度，可适当均质。

⑦ 搅拌至室温，出料。

2. 水包油型（O/W）BB 霜（二）

（1）典型配方　水包油型（O/W）BB 霜（二）的典型配方见表 5-8。

表 5-8　水包油型（O/W）BB 霜（二）典型配方

组相	原料名称	用量/%	作用
A	水	加至 100	溶解
	丁二醇	5.0	保湿
	黄原胶	0.1	增稠
	羟苯甲酯	0.1	防腐
	丙烯酸（酯）类共聚物	0.5	增稠
B	硬脂醇聚醚-21	1.5	乳化
	硬脂醇聚醚-2	1.5	乳化
	季戊四醇四（乙基己酸）酯	4.0	润肤
	棕榈酸乙基己酯	5.0	润肤
	鲸蜡硬脂醇	1.0	增稠、助乳化
	聚二甲基硅氧烷	2.0	润肤
	异十三醇异壬酸酯	5.0	润肤
	云母	4.0	提亮
	一氮化硼	2.0	提亮
C	$C_{12\sim15}$ 醇苯甲酸酯	5.0	分散
	CI 77891	12.0	遮瑕
	氧化铁类	适量	着色
	聚羟基硬脂酸	0.5	分散
D	三乙醇胺	适量	调节 pH 值
E	苯氧乙醇/乙基己基甘油	适量	防腐
	香精	适量	赋香

（2）制备工艺

① 将 C 相原料预先混合并搅拌润湿，用胶体磨或三辊碾磨机碾磨使其均匀。

② 将 A 相原料称量加入烧杯后，加热到 80～85℃，搅拌溶解分散均匀，保温备用。

③ 将 B 相原料称量加入另一烧杯，加热到 80～85℃，搅拌溶解分散均匀，保温备用。

④ 将预先分散好的 C 相原料加入 B 相烧杯中，保温搅拌分散均匀。

⑤ 将（B+C）相烧杯中物料倒入 A 相烧杯中，保温搅拌。

⑥ 开启均质机，均质 3min。

⑦ 加入适量 D 相物料，开启搅拌，搅拌 15min，调节物料使其 pH 值在 5.5～7.5。

⑧ 搅拌降温至 45℃ 以下，加入 E 相物料，搅拌均匀。

⑨ 中控检测，合格后出料。

3. 油包水型（W/O）BB 霜

（1）典型配方　油包水型（W/O）BB 霜的典型配方见表 5-9。

表 5-9　油包水型（W/O）BB 霜典型配方

组相	原料名称	用量/%	作用
A	鲸蜡基 PEG/PPG-10/1 聚二甲基硅氧烷	3.5	乳化
	液体石蜡	9.0	润肤
	环五聚二甲基硅氧烷	8.0	润肤
	肉豆蔻酸异丙酯	4.0	润肤
	硬脂酸镁	0.3	润肤、增稠
	羟苯丙酯	0.1	防腐
	二氧化钛	12.0	遮瑕
	CI 77491	0.5	赋色
	CI 77492	1.6	赋色
	CI 77499	0.2	赋色
B	甘油	6.0	保湿
	丙二醇	4.0	保湿
	硫酸镁	1.0	稳定体系
	水	加至 100	溶解
	羟苯甲酯	0.15	防腐
C	香精	0.10	赋香
	双（羟甲基）咪唑烷基脲/碘丙炔醇丁基氨甲酸酯	0.2	防腐

（2）制备工艺

① 称入水相（B 相），边搅拌边加热至 80℃，恒温搅拌至羟苯甲酯完全溶解。

② 称量油相（A 相）并加入色粉粉料，边搅拌边加热至 80℃（至所有固体融化）。

③ 将油相用均质机将钛白粉、色粉分散均匀，保温至 80℃，备用。

④ 将水相 B 缓慢加入油相 A 中，恒温高速搅拌 1min，均质 5min。

⑤ 降温搅拌至 45℃，加入 C 相香精、防腐剂并补水。

⑥ 搅拌至室温，出料。

（3）注意事项

① 色素要分散充分，不然会使料体中带有色素点，涂抹不好。

② 乳化要充分，均质搅拌用高速，乳化时间在 5～10min。

4. 油包水型（W/O）气垫 CC 霜

（1）典型配方　油包水型（W/O）气垫 CC 霜的典型配方见表 5-10。

表 5-10　油包水型（W/O）气垫 CC 霜典型配方

组相	原料名称	用量/%	作用
A	PEG-30 二聚羟基硬脂酸酯/羟基化羊毛脂	2.0	乳化
	PEG-30 二聚羟基硬脂酸酯	0.5	乳化
	液体石蜡	12.0	润肤
	环五聚二甲基硅氧烷	5.0	润肤
	肉豆蔻酸异丙酯	3.0	润肤
	硬脂酸镁	0.8	稳定体系
	蜂蜡	0.3	增稠
	微晶蜡	0.2	增稠
	三甲基硅烷氧基硅酸酯/环五聚二甲基硅氧烷	2.0	成膜
	CI 77891	9.0	遮瑕
	CI 77491	0.23	着色
	CI 77492	0.45	着色
	CI 77499	0.05	着色
B	水	加至 100	溶解
	甘油	10.0	保湿
	丙二醇	10.0	保湿
	苯氧乙醇/乙基己基甘油/1,2-己二醇/丁二醇	1.0	防腐
	硫酸镁	1.0	稳定体系
C	香精	0.12	赋香

（2）制备工艺

① 在 100mL 烧杯中，称入 B 相，边搅拌边加热至 80℃，恒温搅拌至完全

溶解。

② 在 200mL 烧杯中，称量 A 相并加入色粉粉料，边搅拌边加热至 80℃（至所有固体融化）。

③ 将油相用均质机将钛白粉、色粉分散均匀后重新保温到 80℃，备用。

④ 将水相 B 缓慢加入油相 A 中，恒温高速搅拌 1min，均质 5min。

⑤ 降温搅拌至 45℃，加入 C 相香精、防腐剂并补水。

⑥ 搅拌至室温，出料。

（3）注意事项　同油包水型（W/O）BB 霜的注意事项。

三、生产工艺

1. 加料

（1）预分散色浆　将色料与分散油脂按合适的比例混合搅拌均匀，经三辊研磨机研磨均匀。

（2）油相的制备　按照配方依次将固体油分、半固体油分、流动油分、亲油性表面活性剂、油溶性物料、预分散色浆以及油溶性防腐剂加入容器中，水浴加热熔化，先熔固体油分，后熔液体，均质分散 3min，加热至 90℃，持续 20min 消毒灭菌。要避免过度加热和长时间加热，防止原料成分氧化变质。对热敏感的油分和药剂，如维生素 E、甘草黄酮，在乳化前 80℃时加入油相，熔化后进行乳化。真空机械加工乳化，则将油相物料放入夹套溶解锅内，开启蒸汽加热。

（3）水相的制备　取纯化水、保湿剂、亲水性乳化剂、水溶性物料、提取液加入容器中，水浴加热至 90℃，持续 20min 消毒灭菌，降至 80℃备用。高分子原料，如汉生胶等，需预先用丙二醇、丁二醇、甘油等充分溶解，调和均匀后再加入水相中，搅拌均匀后，再加入其他水相成分；卡波姆树脂、羟乙基纤维素、羟丙基纤维素、聚乙二醇、硅酸镁铝等，先撒入常温水面，慢慢搅拌湿润，再快速搅拌，在搅拌下逐步升温至 80℃左右，待充分溶解后，再加入其他辅料。如有必要可进行均质，在乳化前加入水相。水相加热至 90℃，持续 20min 消毒灭菌，水相温度与油相温度相同或略高于油相 1～2℃。

2. 辅料选择及调整

① 在选择辅料时应注意，配制化妆品的物料必须符合国家化妆品标准。化妆品与药品不同，应严格执行化妆品禁用和限用药品，遵守化妆品规范，注意辅料的品名、生产厂、生产日期、检验标准，熟悉产品的理化性质、功能作用、用法用量、副作用、配伍禁忌，尤其是新型物料，以便合理配伍，确定投料时机，选用来源和质检合格的正规产品，对不合格产品切勿使用。

② 合理选用乳化剂，依据皮肤特性，在满足完成油水乳化的前提下，应考虑乳化剂给皮肤造成的刺激。乳化用乳化剂最好两种以上联用，用量控制在占油相

的 10％～20％，通过离心实验、耐寒实验、耐温实验来确定乳化剂产品稳定性的影响，同时考察温度变化对稠度的影响。

③ 根据乳膏外观选择物料，要考虑乳膏是否细腻、亮泽、轻盈、厚实、稳定，不同乳化剂制造的膏体外观有很大的差异。加入功能性添加剂、营养剂，应考虑乳化过程的影响，应根据生产厂及经销商提供的乳化剂资料来确定。乳化剂不同，乳化能力也不尽相同，应根据油脂的品种及用量选择，充分考虑油相组分的种类、比例。对于生产企业提供的使用说明，进行实验筛选，不必再去计算 HLB 值（亲水亲油平衡值）。

④ 物料在乳化时决定乳膏的稠度、亮度、肤感，因其生产厂、批次、含量不同，在配比时略有差别，可根据市场流行趋势、功效等的差别，在实践中调整。可提供调整技巧供配制时参考。

综上所述，乳化型粉底类化妆品的工艺流程图可如图 5-3 所示。

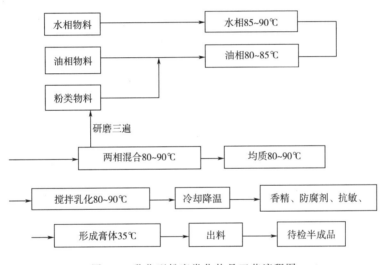

图 5-3　乳化型粉底类化妆品工艺流程图

四、关键工艺控制点

（1）原料的储存　配方中所用原料均需要在常温避光下保存，对于活性物或香精香料需要在低温下（如冰箱中）保存。

（2）原料的预处理　钛白粉、色粉类颜料均需要用适量的油脂通过三辊机或胶体磨进行预处理，一般研磨三遍以上方可保证粉体与油脂的充分润湿分散，预处理完成后，备用。

（3）关键原料的投料　香精香料、防腐剂、活性物等均需要在温度低于 45℃ 时添加；部分特殊材料，例如高分子聚合物卡波姆，需要提前进行浸泡，同时生产过程不可长时间均质分散，避免破坏聚合物的结构。

（4）中间过程控制　两相混合时水相温度应高于油相温度 3～5℃，抽料要均匀，搅拌速率要快。①搅拌乳化：乳化时间控制在 5min 以内，搅拌时间控制在 25～30min，让其充分分散混合。②两相混合顺序：对于 O/W 型产品，一般添加顺序为油相加入水相中形成水包油型结构，同时也可以把水相加入油相中，形成 W/O/W 结构，根据此种工艺操作，其体系的结构和稳定性更为牢固。对于 W/O 型产品，一般添加顺序为水相加入油相中，缓慢添加，同时开启搅拌均质，搅拌均质的时间同上。

（5）出料控制　乳化完成后，冷却降温到室温，中控检测，合格后出料。

（6）储存　内料出料后静置 48h，微检合格后灌装。

五、常见质量问题及其原因分析

1. 出油

主要原因如下。

① 乳化剂和油脂的选择、搭配、用量不合理，如配方体系中含有大量油脂及防晒剂却使用了硅油包水的乳化剂，如乳化剂的量过多或者过少都会引起配方体系的出油现象。

② 油相各原料的相容性，如配方中使用了大量的彼此之间相容性并不好的硅油以及防晒剂，却未添加适量对两者均具有良好相容性的油脂，如异壬酸、异壬酯等。

③ 增稠悬浮成分的添加，如增稠悬浮剂的添加量不够，易造成粉类的沉降，从而导致配方体系的出油现象。

2. 破乳

主要原因如下。

① 乳化剂的添加量过少，会使得分散相和连续相的界面膜较薄，引起分散相的聚集等，从而导致破乳。

② 低温测试时破乳的情况，可通过添加适量的无机盐及多元醇，帮助在分散相及连续相的界面形成双电子层，并且降低水相的冰点来改善。

③ 生产工艺中如果均质和乳化的时间及强度不够，易导致破乳，可通过在乳化的时候增大乳化强度，以及增加乳化时间来改善。

3. 色粉聚集

主要原因是配方中使用油脂与色粉表面处理剂不相容。

解决方法如下。

① 改善色粉的分散工艺，如使用胶体磨、碾磨机等，使色粉在配方的油相中分散完全。

② 尽可能选用同色粉表面处理剂相容性好的油脂。

4. 色粉沉降

主要原因如下。

① 色粉在油相中分散不完全容易引起色粉的聚集，从而导致色粉沉降。

② 配方的黏度偏低也容易导致色粉沉降，适当提高配方黏度可改善这种现象，可采用提高增稠悬浮剂的添加量、调整水相油相配比来增加水相的量等方法。

第四节　乳化型染发剂

染发剂是具有改变头发颜色作用的化妆品。染发剂根据其染色的牢固度，可分为暂时性染发剂、半永久性染发剂和永久性染发剂。按产品的状态，又可分为液状、乳状、膏状、粉状、香波型等几种。

目前市场上主流的染发剂主要是永久性染发剂，其状态一般是膏状形态，俗称染膏。这种永久性染发剂主要由起染色作用的染发剂 1 剂和提供氧化作用的染发剂 2 剂（俗称双氧奶）组成，两剂分开包装，使用前，将两剂混合均匀后，涂抹在头发上，发生氧化还原反应并着色。

本节主要介绍这种永久型染发剂的生产工艺，其他形态染发剂的生产工艺也可以根据本节内容举一反三。

一、配方组成

永久性染发剂 1 剂的配方组成见表 5-11。

表 5-11　永久性染发剂 1 剂的配方组成

组分	常用原料	用量/%
染色剂	对苯二胺、间苯二酚、间氨基酚、2,4 二氨基苯氧乙醇硫酸盐、对氨基苯酚、5-氨基 6-氯邻甲酚等	0.1～5.0
乳化剂	甘油硬脂酸酯、硬脂醇聚醚-20、鲸蜡硬脂醇聚醚-2	0.5～5.0
油脂	液体石蜡、棕榈树异丙酯、硅油、羊毛脂类、鲸蜡硬脂醇	5.0～15.0
碱	氢氧化铵、单乙醇胺、铵盐	至 pH 为 8.5～10.0
溶剂	丙二醇、甘油、乙醇、异丙醇	5.0～10.0
抗氧化剂	抗坏血酸、亚硫酸钠	1.0～6.0
螯合剂	EDTA 钠盐、羟乙二磷酸	0.3～1.0
调理剂	水解蛋白、聚季铵盐	0.1～3.0
香精	日用耐碱性香精	0.5～1.0
去离子水	去离子水	55.0～80.0

永久性染发剂 2 剂（双氧奶）的配方组成见表 5-12。

表 5-12　永久性染发剂 2 剂的配方组成

组分	常用原料	用量/%
氧化剂	双氧水	5.0～12.0
乳化剂	单甘酯、硬脂醇聚醚-20、鲸蜡硬脂醇聚醚-2	0.5～5.0
油脂	液体石蜡、棕榈树异丙酯、硅油、鲸蜡硬脂醇	5.0～15.0
pH 调节剂	磷酸、磷酸盐	至 pH 为 2.5～4.0
保湿剂	丙二醇、甘油	1.0～5.0
螯合剂	EDTA 钠盐、羟乙二磷酸	0.3～1.0
调理剂	聚季铵盐	0.1～3.0
香精	日用耐酸性香精	0.5～1.0
去离子水	去离子水	70.0～85.0

二、典型配方与制备工艺

1. 染膏

（1）典型配方　染膏的典型配方见表 5-13。

表 5-13　染膏的典型配方

组相	原料名称	用量/%	作用
A	鲸蜡硬脂醇	6.5	助乳化
	甘油硬脂酸酯	1.5	乳化
	鲸蜡硬脂醇聚醚-25	1.2	乳化
	西曲氯铵	1.0	乳化、调理
	液体石蜡	3.0	润肤
B	去离子水	50	溶解
	EDTA 二钠	0.2	螯合
C	对苯二胺	2.0	染色
	间氨基苯酚	0.5	染色
	间苯二酚	0.5	染色
	丙二醇	5.0	保湿
	EDTA 二钠	0.3	螯合

组相	原料名称	用量/%	作用
C	抗坏血酸钠	0.3	抗氧化
	亚硫酸钠	0.5	抗氧化
	70~80℃热水	10	溶剂
D	氢氧化铵（25%）	5~8	碱化
	三乙醇胺	1.0	碱化
E	水解角蛋白	0.8	调理
	香精	0.8	赋香

（2）制备工艺

① 将部分 EDTA 钠盐加入水中，加热溶解，温度控制在 75~80℃。

② 将油相原料混合并加热至 70~80℃，并将油相加至水相中，搅拌乳化 6~10min，开始降温。

③ 降温到 60~65℃，加入用热水分散好的 C 相，充分搅拌，快速降温，保持真空。

④ 45℃加入 D、E 相成分，充分搅拌均匀，取样化验。

注意：C 相加入之前必须确保溶解完全，控制加入节奏很重要，C 相加入热水后，搅拌时间不能停留太长，防止降温太快导致染色剂析出。

2. 双氧奶

（1）典型配方　双氧奶的典型配方见表5-14。

表 5-14　双氧奶的典型配方

组相	原料名称	用量/%	作用
A	鲸蜡硬脂醇	4.5	助乳化
	甘油硬脂酸酯	1.5	乳化
	鲸蜡硬脂醇聚醚-25	1.0	乳化
B	甘油	1.0	保湿
	锡酸钠	0.1	稳定剂
	去离子水	74	溶剂
C	磷酸氢二钠	0.4	pH 调节
	羟乙二磷酸	0.5	螯合
	常温去离子水	5	溶剂
D	过氧化氢（50%）	12	氧化
E	香精	0.2	赋香

（2）制备工艺

① 将组分 A、B 加热至 70～80℃，溶解均匀。

② 将油相加入水相中进行乳化，均质 5min 左右，开始降温。

③ 降温到 60℃以下加入 C 相，40℃左右缓慢加入 D 相。

④ 最后加入 E 相，搅拌均匀，取样化验。

三、关键工艺控制点

1. 原料的储存

（1）染色剂的储存　常温避光储存，温度最好控制在 30℃以下。夏天天气炎热时最好有空调装置。窗户上安装窗帘遮蔽阳光，有条件的可以在室内安装红光灯。

（2）氨水的储存　通风阴凉处。

（3）双氧水的储存　通风阴凉处。

2. 预处理

染发剂 1 剂中个别水溶性差的染色剂原料（如 1-萘酚）可以先用丙二醇预分散后再加入料体中。其他原料根据常规方法加入即可。

根据不同的配方设定要求，特定配方要求染色剂在单独一相中预先溶解完全，之后加入已经完成乳化过程并降温到较低温度的乳化混合料体中，这种工艺要求单独相中的染色剂要溶解完全，才能加入料体中，防止料体因为不溶解的染色剂原料出现颗粒状物质。

3. 关键原料的投料

染发剂 1 剂配方中的碱化剂一般在低温时加入，特别是氨水，需要在 40℃以下加入，防止高温时加入氨水挥发。

染色剂在生产配制时充分溶解或分散是非常重要的，是确保染色对版的重要保证，可选用热水或一些溶剂来分散（温度可在 60～70℃或短时间的更高温，但不宜长时间加热，过长时间的加热会导致产品的色调和外观偏差），然后马上加入 50～60℃的乳化体系中，充分搅拌乳化，观察染色剂是否完全溶解，然后降温。

染发剂 2 剂配方中的双氧水需在低温（约 40℃）时加入，防止温度高引起双氧水的分解。

4. 乳化过程控制

染发剂 1、2 剂生产过程中，当油、水相原料抽入乳化锅中，开启高速均质，对形成细腻、稳定以及稠度良好的膏状外观有较好的促进作用，要掌握好特别工艺点。

染发剂 1 剂生产过程中，抽真空工艺要特别注意，抽真空主要在油、水相两相抽入乳化锅中时产生足够的负压吸力，确保油、水相原料都抽入。另外，抽真空操作可以把乳化锅中的空气抽走，降低染发剂膏体中的氧气含量，减少染发剂制备过程中的氧化程度，所以，在乳化降温过程中，持续保持乳化锅中的真空状态有利于染发剂的高品质。

染发剂1、2剂生产过程中，降温搅拌速率要控制好，全程中速搅拌，避免引入过多气泡。

染发剂1剂生产过程中，含有染色剂的独立相加入速度控制也要注意，刚开始加入时，速度要慢一点，逐渐加快加入速度，防止快速加入后料体变稀，而最终影响膏体的稠度以及稳定性。

5. 出料控制

染发剂1、2剂出料过程中，可以通过均质出料或者通过气压出料。均质出料时，可以全程保持适度真空，避免气泡引入膏体中。气压出料时要控制气压的大小，防止料体飞溅。

染发剂1剂出料过程中，速度尽量快，出完料后，要尽快排除料体表面上的空气，密封塑料袋，防止氧化。有条件的企业，染发剂1剂可以选用不锈钢储罐，出料后，氮气储存。

6. 储存

染发剂1、2剂储存要根据生产相关信息做好标签标示，并根据1、2剂的不同储存要求分类储存。储存室温度不宜过高，宜常温储存。

7. 灌装

染发剂1灌装时，要把表面氧化变色的料体刮掉，再通过导料管导入灌装机进行灌装。为了避免染发剂1、2剂交叉混合影响品质，灌装机必须区分，并专用。灌装不同颜色品种的染发剂1剂之间，需要严格按照清洗程序操作，避免相互沾染影响。灌装完后，要及时清洗灌装机，避免料体氧化而沾染灌装机。

8. 包装

根据装配要求，染发剂1、2剂分开包装。染发剂2剂根据其包装透气需要，管口朝向有讲究。

四、常见质量问题及其原因分析

乳化型永久性染发剂如生产工艺控制不当，通常有以下常见质量问题。

1. 香味异常

刚配制的成品香型在存放一段时间后发生明显差异性变化，甚至出现膏体外观颜色的变化。可能的原因如下。

① 香精加入温度偏高，导致挥发或者香精变味。

② 配方中油脂加热过度，在体系中稳定性不足，造成氧化、酸败、水解等，从而造成膏体的味道改变。

解决方法：严格控制香精的加料温度，以及控制油相油脂的加热温度和时长。

2. 染发剂膏体颜色偏深、暴露于空气中变色快

刚做出来的染膏膏体外观颜色偏深或染膏暴露于空气中变色过快，导致进行正常的取样化验和灌装包装都难以进行。可能的原因如下。

① 抗氧化剂添加量过少，可能染色剂加热溶解时间过长导致抗氧化剂消耗较多，或者抗氧化剂漏加。抗氧化剂添加过少，膏体暴露于空气中变色快，影响灌装、染色操作等各个环节；抗氧化剂添加过多，影响染色上色。

解决方法：控制好染色剂相溶解时间，并准确称量配方中各种原料的量。

② 生产工艺没有控制好。如果是一个成熟的生产配方，生产中偶尔出现这一问题，应该是工艺控制问题，包括使用了已变质的染色剂、抗氧剂，用料投量不准确，乳化工序没控制好致使膏体气泡过多，染色剂、抗氧剂添加温度过高且搅拌时间过长等这些都是可能的因素。

解决方法：严格遵守工艺、控制质量。做好原料的存储保管和称量投料时对原料的确认；做好设备的清洗和生产卫生控制，严格遵守每一步操作工序。

3. 双氧奶胀瓶

双氧奶在存储过程中，其包装瓶子会膨胀，甚至冒出内料，导致无法进行正常的存储、运输、销售。可能的原因如下。

① 生产过程和工艺控制没有控制好。如使用的原料被交叉污染，含有灰尘或杂质、使用的包装瓶含有明显灰尘，这些杂质或灰尘会导致过氧化氢稳定性下降；过氧化氢投料温度过高、水质严重不达标、生产卫生没控制好产生交叉污染或过程污染等，这些都会导致过氧化氢稳定性下降。

解决方法：严格遵守工艺、控制质量。做好原料、包材的存储保管，做好设备的清洗和生产卫生控制，严格遵守每一步操作工序。

② 去离子水电导率偏高。电导率偏高表明水中重金属离子含量偏高，易造成双氧水分解加快，并导致双氧奶胀瓶。

解决方法：每批去离子水都要测试电导率，合格后方可使用。

③ 双氧水原料加料温度偏高。双氧水在高温条件下分解加速，分解的氧气混入料体中，灌装后，持续分解的氧气会增加包装内压力，导致胀瓶。

解决方法：严格按照操作工艺节点加入双氧水，夏天环境温度高，乳化时料体降温慢，需要考虑引入冷水机降温，确保在规定的时间内料体降至规定温度。

4. 染膏铝管穿孔

染膏在存储中出现铝管表面有小泡眼的腐蚀穿孔现象，可能的原因有：产品pH值偏高。体系碱性过强有可能导致铝管对这一配方体系不耐受，从而产生腐蚀穿孔现象。

解决方法：确保制备过程中氨水的抽入量准确，严格控制 pH 值。

5. 染发色不对板

在染发完成后，发生所染头发颜色与毛板的颜色（预期的颜色）产生较大偏差，可能的原因有：配方中染色剂含量不足或者个别超过配方添加量。配方中染色剂不足可能因为染色剂称量不准，染色剂在生产过程中严重氧化消耗，导致用量不足；染色剂生产过程中溶解不完全，导致染色剂有效用量不足等。染色剂用量超过配方用量，也会导致染色不对版。

解决方法：严格按照生产操作工艺执行相关工艺，抽真空操作要到位，确保生产过程中氧化较少，灌装过程中的防止氧化也要关注。称料环节要建立并执行称量与复核分开机制，准确称量染色剂，确保按配方准确称量。

6. 染发剂 1 剂中有颗粒物质

可能的原因有：染色剂溶解不完全，导致部分染色剂以颗粒形式存在于染膏中，出现明显的颗粒状物质。

解决方法：严格按照生产操作工艺执行相关工艺，染色剂相加入乳化料体中之前，确保溶解完全。

7. 染发剂 1、2 剂料体稠度稀

可能的原因有：

① 冷却时间较长，导致搅拌时间过长；

② 染色剂相加入时乳化混合相稠度不够；

③ 染色剂相加入速度过快；

④ 2 剂加入双氧水时，料体偏稀。

解决方法：严格按照生产操作工艺执行相关工艺，加入可能影响料体稠度的原料时，要确定料体稠度合适后才加入。夏天温度过高时，冷却水效率偏低，可考虑用冰水降温，加快降温速率。

第六章　粉单元化妆品的生产工艺

粉单元化妆品主要包括散粉、块状粉类等化妆品。

第一节　散　粉

散粉有香粉、爽身粉和痱子粉等。散粉组成的共同点是都含有粉体基质、香精、防腐剂，又因各自的功能特点，添加其他成分。如香粉通常还含有着色剂和护肤成分的原料，是用于成人面部的护肤美容品；爽身粉会添加吸汗剂，用于人体肌肤，有吸汗、爽肤、香肌的功能；而痱子粉则会添加吸汗剂和杀菌剂，具有防痱、祛痱的功能。

一、配方组成

散粉的配方组成见表 6-1。

表 6-1　散粉的配方组成

组分	常用原料	用量/%
填充剂	滑石粉、云母、高岭土、淀粉、绢云母、尼龙粉、硅粉等	40～80
功能性粉末		0～10
着色剂	钛白粉、氧化铁色素、珠光剂	0～30
润肤剂	液体石蜡、凡士林、角鲨烷、硅油系列	0～10
防腐剂	羟苯甲酯、羟苯丙酯、苯氧乙醇等	适量
抗氧化剂	BHA、BHT 等	适量
香精	香精	适量

爽身粉的配方组成见表 6-2。

表 6-2　爽身粉的配方组成

组分	常用原料	用量/%
填充剂	滑石粉、淀粉	70～90
黏合剂	脂肪酸锌、氧化锌	1～10
润肤剂	液体石蜡、凡士林、角鲨烷、硅油系列	0～10
防腐剂	羟苯甲酯、羟苯丙酯、苯氧乙醇等	适量
抗氧化剂	BHA、BHT 等	适量
香精	香精	0～1

二、典型配方与制备工艺

1. 典型配方

散粉的典型配方见表 6-3。

表 6-3　散粉的典型配方

组相	原料名称	用量/%	作用
A	滑石粉	加至 100	填充
	云母	10.0	填充
	淀粉	10.0	抗结块
	硬脂酸锌	5.0	填充
	苯氧乙醇	适量	防腐
B	聚二甲基硅氧烷	5.0	润肤
	羊毛脂	1.0	润肤
C	氧化铁红/黄	适量	着色
	二氧化钛	7.5	着色
D	香精	适量	赋香

2. 制备工艺

① A 相加入搅拌锅高速分散均匀。

② 将 C 相加入混合好的 A 相中，混合搅拌均匀。

③ 将 B 相在油罐中加热搅拌至熔解完全，备用。

④ 将 B 相分次喷入（A+C）相中，搅拌至均匀。

⑤ 喷入 D 相，搅拌均匀。

⑥ 将混合好的料体在超微粉碎机中粉碎、磨细，检验合格后入库。

三、生产工艺

1. 生产工艺流程

散粉生产工艺流程如图 6-1 所示。

（1）混合搅拌　将粉类基质原料加入搅拌锅，混合搅拌均匀，外观无明显的杂色点或者其他颗粒物，粉质细腻。加入色料（如有），混合搅拌，分散均匀至无色点。喷入油相（如有），边加入边搅拌均匀。

（2）调色　加入香精，搅拌均匀。

（3）过筛　过筛的目的是避免料体里面有颗粒，或部分料体分散不均匀，或死角里面的粉跟黏合剂抱团而影响产品质量。因此，过筛的次数为连续两次或两次以

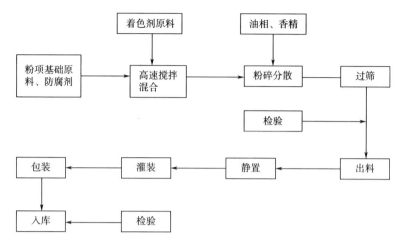

图 6-1 散粉的生产工艺流程图

上，可以保证粉料的细腻度，对颜料的均匀度和最后的产品质量都有很大帮助。

（4）储存 密封打包入库，储存在温度不高于38℃的通风干燥仓库内。

2.灌装工艺

① 灌粉用到的设备、工具在生产前必须清洁干净并消毒。

② 灌粉：将包材放在流水线上，设置好控制定量的参数，即可开始灌粉。

③ 称量：灌装符合净含量要求。

④ 盖盒入盒。

3.注意事项

① 注意换色时务必清洁干净工具、平台，勿交叉污染。

② 称量用天平必须校正，称量过程中注意避免粉末散落在天平上，否则会影响净含量。

③ 盖盖前需将包材外围螺旋处的余粉清理干净。

四、关键工艺控制点

1.预处理

① 色料添加前与一部分的基质原料混合，采用小粉碎机预分散均匀，没有色点后才能加入搅拌锅与基质分散均匀。

② 油相（如有）如所含原料不止1个，需要预先混合搅拌均匀，如有需要可加热。

2.关键原料的投料

① 色素加入前必须预分散后才能加入。

② 粉相基础原料必须搅拌均匀后才能加入预分散的色料色素。

③ 油相（如有）需要喷洒加入，如油相含量大于5%，应分次少量加入，边加

入边搅拌。油相必须在确保粉相基础原料与色素分散均匀、没有色点的前提下才能加入。

3. 中间过程控制

① 注意粉相基础料与色粉的分散程度。要检查色料是否完全分散，是否有色点，如没分散好，需要延长搅拌时间。还需要注意把粘在搅拌桨及锅壁上的色粉扫到搅拌锅里面分散均匀。

② 加入油相后需要检查是否分散均匀，有没有油点，如还有，则需要延长搅拌时间，如油相粘在搅拌桨及锅壁上，需要用粉相把油相分散进去。

③ 整个过程需要注意搅拌锅的温度，不能太热，锅壁温度超过 60℃时，需要停止搅拌，待锅壁温度降到 35℃再重新启动搅拌。

④ 出料前测试 pH 值等理化指标，合格后出料。

4. 出料控制

① 必须过筛出料（一般为 80 目），具体目数可根据不同公司对肤感的要求确定，但是 97％以上的粉料粒径须小于 1.125mm。

② 出料前测试 pH 值等理化指标，合格后出料。

③ 出料前必须检查锅壁是否残留有没分散均匀的油相、着色剂。

④ 出料前要检查出料口是否清洁干净。

⑤ 密封包装，避光，防止污染及带入异物。

⑥ 标识信息完整。

5. 储存

① 用干净的袋子密封储存，袋子最好为黑色。

② 应避光储存在温度不高于 38℃的通风、干燥仓库内，不得靠近水源、火炉或暖气。

③ 储存时应距地面至少 20cm，距内墙至少 50cm，严格按照"先进先出"的原则出库。

④ 半成品储存有效期建议为 6 个月，组装前需复检。成品有效期 3 年。

6. 灌装

① 灌装设备必须消毒干净，保持干燥。

② 开机前需要检查灌装料体的名字、批次等信息，确认包材、辅料等产品的相关信息与生产单吻合无误。

③ 再次核对灌装料体是否合格，是否与标版吻合。

④ 开机时及灌装过程中都必须检测，保证灌装量符合净含量要求。

⑤ 灌装环节在中途每 2h 需线检一次，防止参数或者其他异常出现。

7. 包装

① 符合 QB/T 1685—2006 的要求。

② 包装印刷的图案与字迹必须整洁、清晰、不易脱落。

③ 包装标签必须准确，不应贴错、贴漏、倒贴、脱离。

④ 包装上必须有正确的生产日期或有效期。

⑤ 成品需要保持产品直立放置，禁止将产品平放或倒放。

⑥ 产品在彩盒内需要固定，不因外力而晃动，一般会增加吸塑或纸卡。

⑦ 选择合适的辅料，防止因运输过程中可能出现的抛、甩等问题而使产品受到损坏。

五、常见质量问题及其原因分析

1. 杂色点（黑点、白点、异物）

（1）原因分析　色粉分散不均匀；生产环节交叉污染；原料中含有杂质。

（2）解决方法　对于还存在色素点的，增加粉碎次数，直至色粉分散均匀；生产时注意提前清洁；原料中含有杂质时，需预先分散或者过筛网进行处理，搅拌粉碎后还需增加粉碎次数，直至分散，无明显杂质。

2. 粉块抱团

（1）原因分析　油相分散不均匀；原料抱团带入。

（2）解决方法　延长粉碎次数直至分散均匀；原料在加入前用 80 目筛网过滤或预先用粉碎设备对其进行预分散处理。

第二节　块状粉类产品

化妆品块状粉类产品包括胭脂、眼影和粉饼等，是由多种粉体原料及黏合剂经混合、压制而成的饼状固体美容制品，具有遮盖、附着、涂展、赋色、定妆、控油、修饰等功能。

一、配方组成

普通粉饼的配方组成见表 6-4。

表 6-4　普通粉饼的配方组成

组分	常用原料	用量/%
填充剂	滑石粉、云母、高岭土、淀粉等	≥50
着色剂	钛白粉、氧化铁系列等	0~20
黏合剂	粉：硬脂酸镁、硬脂酸锌、肉豆蔻酸镁、肉豆蔻酸锌等	1~7
	油脂：液体石蜡、凡士林、角鲨烷、硅油等	3~15
防腐剂	苯氧乙醇、羟苯甲酯、羟苯丙酯	适量
香精	香精	适量

干湿两用粉饼的配方组成见表6-5。

表6-5　干湿两用粉饼的配方组成

组分	常用原料	用量/%
填充剂	疏水处理的（滑石粉、云母、高岭土、淀粉）等	≥50
着色剂	钛白粉、氧化铁系列	0～20
乳化剂	失水山梨醇倍半油酸酯	0.1～0.5
黏合剂	粉：硬脂酸镁、硬脂酸锌、肉豆蔻酸镁、肉豆蔻酸锌等	1～7
	油脂：液体石蜡、凡士林、角鲨烷、硅油等	3～15
	聚合物：甲基纤维素、羧甲基纤维素、聚乙烯吡咯烷酮	0～1
防腐剂	苯氧乙醇、羟苯甲酯、羟苯丙酯	适量
香精	香精	适量

块状眼影的配方组成见表6-6。

表6-6　块状眼影的配方组成

组分	常用原料	用量/%
填充剂	滑石粉、云母、尼龙-12、氮化硼、氯氧化铋等	10～70
着色剂	无机颜料、有机颜料、珠光剂	0～60
黏合剂	粉：硬脂酸镁、硬脂酸锌、肉豆蔻酸镁、肉豆蔻酸锌	1～6
	油脂：白油、凡士林、角鲨烷、硅油	3～35
防腐剂	苯氧乙醇、羟苯甲酯、羟苯丙酯	适量
香精	日化香精	适量

粉块腮红的配方组成见表6-7。

表6-7　粉块腮红的配方组成

组分	常用原料	用量/%
填充剂	滑石粉、云母、高岭土、淀粉等	≥60
着色剂	钛白粉、氧化铁系列、有机色粉系列	1～15
黏合剂	粉：硬脂酸镁、硬脂酸锌、肉豆蔻酸镁、肉豆蔻酸锌等	1～7
	油脂：液体石蜡、凡士林、角鲨烷、硅油等	5～15
防腐剂	苯氧乙醇、羟苯甲酯、羟苯丙酯	适量
香精	日化香精	适量

二、典型配方与制备工艺

1. 普通粉饼

（1）典型配方　普通粉饼的典型配方见表6-8。

表 6-8　普通粉饼的典型配方

组相	原料名称	用量/%	作用
A	滑石粉	51.0	填充
	高岭土	10.0	填充
	氧化锌	2.0	填充
	云母	5.0	填充
	淀粉	10.5	填充
B	聚二甲基硅氧烷	5.0	润肤、黏合
	山梨醇倍半油酸酯（Span-83）	0.5	黏合
C	苯氧乙醇	适量	防腐
D	钛白粉	8.0	赋色
	氧化铁红	1.2	赋色
	氧化铁黄	3	
	氧化铁黑	0.2	
E	香精	适量	赋香

（2）制备工艺

① 将粉相中的滑石粉、高岭土、氧化锌、云母、淀粉、防腐剂加入搅拌锅高速分散 20min。

② 在油相罐中加入聚二甲基硅氧烷及山梨醇倍半油酸酯（Span-83）加热熔化后备用。

③ 将混合好的 A 相原料和 C 相原料加入搅拌机，混合搅拌 30min，分散好后再分 3 次喷洒加入混合好的（A＋C）相中，搅拌 20min 直到均匀。加入 E 相混合搅拌 10min。

④ 混合好的粉料在超微粉碎机中粉碎、磨细。灭菌 2～7h 后，放入压粉机中压制。

2. 腮红

（1）典型配方　腮红的典型配方见表6-9。

表 6-9　腮红的典型配方

组相	原料名称	用量/%	作用
A	滑石粉	加至 100	填充
	氧化锌（硅处理氧化锌）	10.0	填充
	硬脂酸锌	5.0	填充
	碳酸镁	6.0	助压
	高岭土	10.0	填充
B	矿脂	2.0	填充
	矿油	2.0	润肤
	聚二甲基硅氧烷	1.0	润肤
	羊毛脂	1.0	润肤
C	CI 77891	3.0	赋色
	CI 15850（钡色淀）	2.5	赋色
D	苯氧乙醇	适量	防腐
E	香精	适量	芳香

（2）制备工艺

① 将 A 相混合搅拌均匀，加入 C 相，混合搅拌均匀，磨细、过筛。

② 将 B 相的黏合剂加热混合均匀备用。

③ 将 B 相分 3 次喷入（A＋C）相，搅拌均匀。

④ 加入 D 相，搅拌均匀。

⑤ 喷入 E 相，搅拌均匀。

⑥ 压制成型。

3. 高珠光眼影

（1）典型配方　高珠光眼影的典型配方见表 6-10。

表 6-10　高珠光眼影的典型配方

组相	原料名称	用量/%	作用
A	滑石粉	加至 100	填充
	高岭土	5.0	填充
	尼龙粉	3.0	抗结块
	硅石	2.0	抗结块

组相	原料名称	用量/%	作用
B	矿油	5.0	润肤
	聚二甲基硅氧烷	5.0	润肤
	羊毛脂	1.0	润肤
C	CI 77891	1.0	赋色
D	COSMI 151 （云母、CI 77891、氧化锡）	40.0	珠光剂
E	香精	适量	赋香
F	苯氧乙醇	0.6	防腐
	G 130D （硼硅酸钠钙、CI 77891、氧化锡）	10.0	珠光（玻璃珠光）

（2）制备工艺

① 将 A 相中的原料加入搅拌锅高速分散至均匀。

② 在油相罐中制备黏合剂，加入 B 相原料加热混合后备用。

③ 将混合好的 A 相原料和 C 相原料加入搅拌机混合至色料分散完全，没有色点。

④ 加入 D 相，搅拌均匀后分次将混合好的黏合剂喷入，搅拌至均匀。

⑤ 加入 E 相混合搅拌 10min。

⑥ 将混合好的粉料在超微粉碎机中粉碎。

⑦ 加入 F 相，放入搅拌机后慢速搅拌至均匀，然后用 40 目筛网过筛，检验合格。

三、生产工艺

1. 普通粉块生产工艺

（1）粉饼　粉饼生产需要用到粉体搅拌机、粉碎机和压粉机等，其生产工艺流程如图 6-2 所示。

主要生产工艺流程如下：

① 先把粉的基料，如填充剂及防腐剂，按配方比例称好后放入搅拌锅，高速搅拌至分散均匀，没有颗粒。

② 粉基料完全分散后，加入着色剂，高速搅拌使色粉能完全分散均匀，没有色点。

③ 将油相混合搅拌，如有需要可加热溶解，使之为液状且均匀。

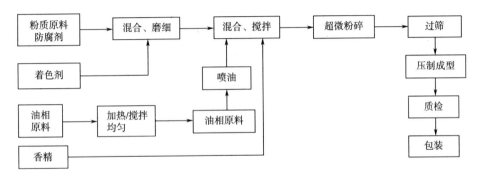

图 6-2　粉饼的生产工艺流程图

④ 将预分散好的油相均匀喷洒到上述搅拌均匀的粉相上，必须边喷油边搅拌。

⑤ 料体通过粉碎机粉碎并过 60 目筛网。

⑥ 出料。

⑦ 将规定重量的粉料加入模具内，用适当的压力压制成型。

（2）眼影　块状哑光眼影的生产工艺流程可参考粉饼的生产工艺流程。块状珠光眼影的生产工艺流程有两种，配方无闪粉的参考工艺流程一，配方有闪粉的参考工艺流程二，如图 6-3 所示。

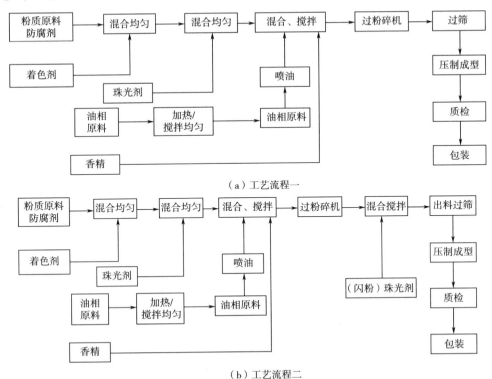

（a）工艺流程一

（b）工艺流程二

图 6-3　块状珠光眼影的生产工艺流程图

眼影生产必须用到粉体搅拌机和粉碎机，要经过混合、粉碎和过筛。为了使眼影压制成型，必须加入有黏合作用的油相，添加附着力强的粉类原料也有助于眼影压制成型。

① 混合。先把粉的基料按配方比例称好后放入搅拌锅，高速搅拌至分散均匀。加入着色剂（除珠光外），高速搅拌使色粉能完全分散均匀，没有色点。如需添加珠光粉，不能破坏其颗粒的大小，以免影响其光泽剂的色泽特点，需要视具体的粉碎机的剪切速度和力度决定是在粉体过完粉碎机后添加还是之前添加，且搅拌采用慢速为宜。珠光剂的添加可以参考以上两个工艺流程的添加顺序。珠光粉在配方中是以着色为目的的，选用工艺流程一，一般云母载体的珠光剂通常是这样使用的；珠光剂主要提供高光及闪光粉的外观，着色要求不高的，基本粒径较大，宜选用工艺流程二，较常见的硼硅酸铝盐珠光及合成云母系列珠光会作为高光及闪光粉用途。

② 喷油。将油相混合搅拌，如有需要可加热溶解，使之为液状且混合均匀。油相加入时需保证喷洒均匀，必须边喷油边搅拌。喷油的速度与喷嘴的选择要匹配，以能均匀液化为佳。喷油不宜一次完成，可分三次左右完成，每次喷完都需要搅拌均匀，这样有利于油相在粉体表面分布均匀。

③ 粉碎。料体通过粉碎机粉碎并过 40 目筛网。

④ 出料，压制成型。压制要点与粉饼的一致，可参考相关内容。如采用的工艺是粉浆注射的，需要将粉相与一定比例的溶剂（水、丙二醇）先混合均匀，一般采用的比例是 40：60，可根据具体情况调整，然后将混合浆注射到塑料粉盒中，通过抽真空吸出其中的溶剂相，粉盒中只留所需粉相，可做多种彩色图案。

（3）粉质腮红　哑光腮红的生产工艺流程可参考粉饼的生产工艺流程。珠光腮红的生产工艺流程可参考珠光眼影的生产工艺流程。不同点在于腮红的油相比例一般较高，需要注意添加时分多次少量喷油，保证油相分散均匀。腮红一般添加的都是有机色粉，在光照及高温情况下容易不稳定，在生产环节需要尽量避光及避免高温。

2. 粉块压制工艺

普通粉块压制工艺是将粉填到粉盘里，用压粉机加压，对粉体进行压制成型。目前的压粉机有半自动、全自动和手扳式等几种。全自动压粉机的技术已较为成熟，可以自动填充粉块底盘、自动填粉、自动压制，还可以同步实行多色压制，减少了大量的人工成本，是现代生产的一个趋势。半自动机因其灵活性强，所以在市场上还是较受欢迎并被普及使用。手扳式压粉机不能显示压力参数，纯粹靠经验压制，基本已经被淘汰，还在使用此类设备的大多数是小作坊。

压制时须注意以下事项。

① 在压制粉饼前，粉料先要过 60 目筛，还要检测压粉设备运转情况是否正

常，是否有漏油现象，所有用到的工具必须保持清洁并消毒。

② 要注意底盘的选择。粉饼的底托常用的为铝盘，也有镀锡钢板（俗称马口铁）材质及塑壳盘。但铝盘的成本优势较高，在市场上是一种主流。底盘上的设计最好有凹凸槽，这样有助于提高粉饼与底盘之间的黏着力，可使压制的粉饼在底盘上轧牢，不易出现脱落。

③ 常规的压制工艺是将规定重量的粉料加入模具内压制，压制时要做到平、稳，不求过快，防止漏粉、压碎，根据配方适当调节压力。压制粉饼需要的压力大小和压粉机的性能、粉料配方中的含油量以及铝盘的形状、大小等都有关系。如果压力太大，制成的粉饼就会太硬，使用时不易擦开；如果压力太小，制成的粉饼就会太松，易碎。

④ 压制好的粉饼必须检查起粉量是否合适，是否有油点，是否有结块现象。外观不得有缺角、裂缝、粉墙、毛糙、松紧不匀等现象。压制好的粉饼要排列整齐，保持清洁，准备包装。

烤粉压制工艺与普通粉块压制工艺有所不同。将规定重量的粉料加入模具内压制，压制时的压力要低于普通粉饼，防止压力过大，料体漏出来，导致净含量不足。另一个需要注意的是，要控制饱和压力的时间，时间过长容易导致涂抹难上色，时间过短容易导致跌落测试通不过，需要调整平衡。最后还需要把握好烘干温度，一般不超80℃，时间按配方测试，以完全烤干为止。压制好的粉块必须检查起粉量是否合适，是否有杂点，是否有结块现象。外观不得有缺角、裂缝、粉墙、毛糙、松紧不匀等现象。将表面无异常的粉块放入烤箱中，烘烤到溶剂完全挥发，再拿出来进行跌落测试及查看颜色。检验合格后可以入库。

3. 烤粉成型工艺

（1）搅粉

① 搅粉设备、工具生产前用75％酒精清洁消毒。

② 将粉料和溶剂按比例加入搅拌机，搅拌分散均匀后方可进行灌装压粉。

（2）压平、压花

① 压粉设备、工具、模具生产使用前用75％酒精清洁消毒。

② 将搅拌好的料体加入料桶中。

③ 将铝盘放置到压粉模具中。

④ 调试机器开始试压，每个颜色设定好出料时间、保压时间及压力参数。

⑤ 粉块试压出来后，交给品质管理人员做线上产品检测，如出现不良品，继续调试机器，直到粉块压出合格为止。

⑥ 品管检验合格后，开始批量生产，压好的粉块要整齐地摆放在胶盘里。

⑦ 在压粉生产过程中挑出的不良粉块要及时放入干净的容器内待处理。

（3）烤粉　设定合适的温度（建议为50～80℃），时间按配方测试，至完全烤干为止。

注意事项：

① 注意换色时务必清洁干净压粉设备、工具、模具，并区分标识好浅色系、深色系、有珠光、无珠光产品，切勿交叉污染；

② 压粉的压力要保证产品能通过跌落测试，无裂开、无易碎现象；

③ 要观察产品涂抹时上色度是否符合要求，延展性是否符合要求，是否无油块，以及产品粉块表面是否无黑点、白点、杂色。

4. 液体粉灌装工艺

（1）搅粉

① 搅粉设备、工具生产前用75%酒精清洁消毒。

② 将粉料和溶剂按比例加入搅拌机，搅拌分散均匀后方可进行灌装压粉。

（2）灌装、压花

① 灌装设备、工具、模具生产使用前用75%酒精清洁消毒。

② 将搅拌好的料体加入料桶中。

③ 将托盘放置到压粉模具中。

④ 调试机器开始试压，每个颜色设定好出料时间、保压时间及压力参数。

⑤ 粉块试压出来后，交给品质检测人员做线上产品检测，如出现不良品，继续调试机器，直到粉块压出合格为止。

⑥ 品管检验合格后，开始批量生产，压好的粉块要整齐地摆放在胶盘里。

⑦ 在压粉生产过程中，挑出的不良粉块要及时放入干净的容器内待处理。

（3）烘烤　设定合适的温度（建议为50～80℃），时间按配方测试，至完全烤干为止。

注意事项：

① 注意换色时务必清洁干净压粉设备、工具、模具，并区分标识好浅色系、深色系、有珠光、无珠光产品，切勿交叉污染；

② 压粉的压力要保证产品能通过跌落测试，无裂开、无易碎现象；

③ 要观察产品涂抹时上色度是否符合要求，延展性是否符合要求，是否无油块，以及产品粉块表面是否无黑点、白点、杂色。

四、关键工艺控制点

1. 预处理

① 操作人员应经过培训，严格遵守操作规程。操作处置应在具备局部通风或全面通风换气设施的场所进行，戴防护口罩。

② 色粉采用小粉碎机与部分基质预分散均匀，用黑白纸涂抹检查是否分散完全，是否有色点。无色素点后才可加入搅拌锅中与基质一起搅拌分散均匀。

③ 油相（如有）如所含原料不止 1 个，需要预先混合搅拌均匀，如有需要可加热。

2. 关键原料的投料

① 色素必须预分散后才能加入。

② 粉相基础原料必须搅拌均匀后，才可加入预分散的色素。

③ 油相要以液体的形式喷洒加入，如有需要可适当加热。如油相含量大于 5%，最好分多次加入，边加热边低速搅拌，喷油完成后换成高速搅拌。

④ 油相必须在确保粉相基础原料与色素分散均匀、没有色点的前提下才能加入。

⑤ 配方中含有珠光及闪粉的，珠光应在油相加入之前搅拌分散均匀，速度要控制适当，不要过大，以免将珠光打碎；如含有闪粉，需要在油相分散均匀之后再添加，搅拌以低速为宜。

3. 中间过程控制

① 注意粉相基础料与色粉的分散程度。要检查色料是否完全分散，是否有色点，如没分散好，需要延长搅拌时间。还需要注意把粘在搅拌桨及锅壁上的色粉扫到搅拌锅中分散均匀。

② 加入油相后需要检查是否分散均匀，有没有油点，如还有，则需要延长搅拌时间，如油相粘在搅拌桨及锅壁上，需要用粉相把油相分散进去。

③ 整个过程需要注意搅拌锅的温度，特别是加油后，不能太热，锅壁温度超过 60℃时，需要停止搅拌，待锅壁温度降到 35℃再重新启动搅拌。

4. 出料控制

① 出料前测试 pH 值等理化指标，合格后出料。

② 出料前必须检查锅壁是否残留有没分散均匀的油相和着色剂。

③ 压制成块状，检查料体是否有色点及油斑，测试硬度是否符合要求，跌落测试是否通过。

④ 出料前要检查出料口是否清洁干净。

⑤ 过 60 目筛网出料，如含珠光可选用 40 目筛。

⑥ 密封包装，避光，防止污染及带入异物。

⑦ 标识信息完整。

5. 储存

① 半成品用干净的袋子密封储存，袋子最好采用黑色的。

② 应避光储存在温度不高于 38℃的通风、干燥仓库内，不得靠近水源、火炉或暖气。

③ 储存应距地面至少 20 cm，距内墙至少 50cm，严格按照"先进先出"的原则。

④ 半成品储存有效期建议为 6 个月，组装前需复检。成品有效期 3 年。

⑤ 建议以成品储存，尽量避免以半成品的形式存放。

6. 灌装

（1）普通压粉

① 压粉设备、工具、模具生产使用前用 75％酒精清洁消毒。

② 铝盘放置组装入装粉模具中。

③ 填粉时要求散粉填充均匀、满度适宜，否则影响外观。

④ 压制粉块时，要注意选择合适的压力参数。压力过大，粉块硬，难涂抹；压力过小，粉块质地疏松，易飞粉，难以通过跌落测试和运输测试。还要注意，每个颜色相对应的压粉参数会有差异，应视实际情况而定，保证产品的上色度及跌落性合格。

⑤ 粉块试压出来后，交给品质管理人员做线上产品检测，如出现不良品，继续调试机器，直到粉块压出合格为止。

⑥ 品管人员检验合格后，再开始批量生产。

（2）烤粉

① 压粉设备、工具、模具生产使用前用 75％酒精清洁消毒。

② 料体搅拌。料体的黏稠度需要控制，以设备刚好能挤压出来的黏稠度为最佳。太稠会导致挤压不了，太稀会导致挤压出料过多，不容易控制，且溶剂太多会导致挤压次数过多，影响生产效率。

③ 填粉。通过挤压时间来控制，需要注意料体不能有气泡，否则会导致出料不均匀；料体需要提前搅拌均匀，如搅拌不均匀也会导致填粉不均匀，影响净含量。

④ 压力调试。压制粉块时，要注意选择合适的压力参数。压力过大，容易将粉块里面的油含量挤压过多，导致通不过跌落测试；压力过小，粉块质地疏松，易结油块，且通不过跌落测试和运输测试。还要注意每个颜色相对应的压粉参数会有差异，应视实际情况而定，保证产品的上色度及跌落性合格。

（3）液体成型粉

① 灌装设备、工具、模具生产使用前用 75％酒精清洁消毒。

② 料体搅拌。料体的黏稠度需要控制，料体具备一定的流动性，太稠会导致爆管，太稀会导致挤压溶剂抽不干，烤干后容易开裂。

③ 填粉。通过挤压时间来控制，尽可能地抽干料体中的溶剂，避免溶剂残留过多导致烘干后开裂。

④ 压力调试。压制粉块时，要注意选择合适的压力参数。压力过大，会导致产品不好上色，影响上色效果；压力过小，粉块质地疏松，且通不过跌落测试和运输测试。还要注意每个颜色相对应的压粉参数会有差异，应视实际情况而定，

保证产品的上色度及跌落性合格。

7. 包装

① 符合 QB/T 1685—2006 的要求。

② 包装印刷的图案与字迹必须整洁、清晰、不易脱落。

③ 包装标签必须准确，不应贴错、贴漏、倒贴、脱离。

④ 包装上必须有正确的生产日期或有效期。

⑤ 成品需要保持产品正放，禁止倒放。

⑥ 产品在彩盒内需要固定，不因外力而晃动，一般会增加吸塑或纸卡。

⑦ 选择合适的辅料，防止因运输过程中可能出现的抛、甩等问题而使产品受到损坏。

五、常见质量问题及其原因分析

1. 杂色点（黑点、白点、异物）

（1）原因分析

① 色粉分散不均匀。

② 生产环节交叉污染。

③ 原料中含有杂质。

（2）解决方法

① 通过增加粉碎次数进行改善，也可以在前期预分散时均匀加入。

② 生产环节需要注意清洁，在生产环节被杂质污染容易造成报废。

③ 对原料用 60 目或 80 目筛网过筛，如还有杂质，可单独再过几次粉碎机。

2. 涂抹结油块，不上色

（1）原因分析

① 油相黏合剂添加过量。

② 压力参数过大。

③ 使用的上妆工具影响。

（2）解决方法

从配方角度，通过降低油相比例来改善；或者增加吸油值较好的粉末，以增加配方吸油值。从压粉工艺上，通过尽可能地降低压力参数及压力次数来改善。

3. 粉块抱团

（1）原因分析

① 油相分散不均匀。

② 原料抱团带入。

（2）解决方法

① 延长粉碎次数，直至分散均匀。

② 原料在加入前用 80 目筛网过滤，或预先用粉碎设备对其进行预分散处理。

4. 跌落测试指标不合格、飞粉

（1）原因分析

① 黏合剂添加量不足。

② 油相分散不均匀。

③ 压力参数过低。

（2）解决方法

从配方角度，通过增加油相或者高黏度油脂的比例来改善；从压粉工艺上，在保证产品上色度的情况下，尽可能地增加压力参数。

5. LOGO（标志）纹路不清晰

（1）原因分析

① 模具 LOGO 深度不够。

② 压粉布过厚。

③ 填粉不均匀或填粉量过少。

（2）解决方法

① 加深 LOGO 的深度。

② 更换薄一点的压粉膜。

③ 增加填粉量，尽可能控制每个孔位的填粉量。

6. 粘布

（1）原因分析

① 高黏度油脂过高。

② 部分油相分散不均匀，油含量较高。

③ 压粉布太粗糙。

（2）解决方法

① 从配方角度，降低高黏度油脂的比例；从工艺上，在保证产品其他理化指标正常的情况下，尽可能地降低压力。

② 增加粉碎次数，避免部分油相抱团，导致粘布。

③ 更换滑一点的压粉布。

7. 粉墙过厚

（1）原因分析

① 模具的公差过大。

② 配套的压粉层过薄。

③ 铜片的位置贴歪。

（2）解决方法

① 需要调整、修改模具，加大公模的尺寸。

② 更换厚一点的压粉布或者多垫几层压粉布。

③ 重新纠正贴歪的铜片。

8. 多色粉杂色

（1）原因分析

① 模具的精度不够，容易杂色。

② 脱模的角度不对，导致杂色。

③ 多色粉脱膜前的压粉压力过小，导致脱膜后粉质疏松，容易产生杂色。

（2）解决方法

① 需要调整、修改模具的精度，防止串色。

② 多色粉脱膜需要尽量直上直下，避免碰歪粉块产生杂色。

③ 多色粉脱膜需要一定的压力，保证脱膜前的粉有一定的硬度，避免脱膜产生杂色。

9. 阴阳面

（1）原因分析

① 压粉布的张力不够。

② 母模的深度过高。

③ 母模的孔位过多。

（2）解决方法

① 更换成张力更好的压粉布；在保证产品其他理化指标的情况下，尽可能地降低压力。

② 可以将母模的深度降低，然后多次填粉。

③ 减少母模的孔位数，降低孔位之间的密度，可以改善阴阳面。

第七章 蜡基单元化妆品的生产工艺

蜡基单元化妆品主要有唇膏、发蜡、睫毛膏、化妆笔等类型化妆品。

第一节 唇膏、润唇膏

唇膏是最典型、最原始、最常见、市场占比最大的棒状唇部产品。唇膏分为口红和口白。口红是将无毒的色素分散于油蜡基中经铸型制成的棒状物。使用唇膏勾描唇形，既可保持嘴唇红润美丽，又可保护嘴唇、避免干裂。而口白也就是人们常用的润唇膏，其主要作用是护理唇部，能增加唇部的光泽，有效地滋润唇部皮肤。

一、配方组成

唇膏、润唇膏类产品一般是由基质（油脂、蜡）、着色剂、香精、防腐剂、抗氧化剂、功能性填充剂等组成。润唇膏与唇膏之间的组成成分大致相同，唇膏主要用于赋予唇部色彩，令唇部更加美观，因此着色剂含量较高；而润唇膏主要用于滋润唇部，因此配方中油脂较多，着色剂较少。两者的配方组成见表7-1。

表 7-1 唇膏和润唇膏的配方组成

组分	常用原料	用量/%	
		唇膏	润唇膏
油剂	氢化聚癸烯、棕榈酸乙酸己酯、月桂酸己酯、十三烷醇偏苯三酸酯、异十六烷、异十二烷、苯基聚三甲基硅氧烷、聚二甲基硅氧烷、二异硬脂酸苹果酸酯、蓖麻油、油橄榄果油、霍霍巴籽油、向日葵籽油、白池花籽油、澳洲坚果油、低芥酸菜籽油、辛甘醇、己二酸二异丙酯、辛基十二醇	30～60	
脂类	凡士林（矿脂）、羊毛脂、氢化聚异丁烯、植物甾醇酯类、植物甾醇类	5～25	
蜡剂	地蜡、纯地蜡、聚乙烯、聚丙烯、合成蜡、微晶蜡、石蜡、烷基聚二甲基硅氧烷、蜂蜡、白峰蜡、小烛树蜡、巴西棕榈蜡、木蜡、氢化植物油类	10～25	
成膜剂	VP/十六碳烯共聚物、三十烷基 PVP	2～5	0～2
增稠剂	糊精棕榈酸酯、糊精硬脂酸酯、二甲基甲硅烷基化硅石	1～3	1～3
弹性体	聚二甲基硅氧烷交联聚合物、聚二甲基硅氧烷/乙烯基聚二甲基硅氧烷交联聚合物、乙烯基聚二甲基硅氧烷/聚甲基硅氧烷硅倍半氧烷交联聚合物	1～3	1～3

组分	常用原料	用量/%	
		唇膏	润唇膏
粉剂	滑石粉、绢云母、膨润土、尼龙-12、氮化硼、硅石、甲基丙烯酸甲酯交联聚合物、淀粉	0～20	0～5
颜料/染料	CI 15850、CI 77891、CI 77007、CI 45380、CI 45410、CI 77491、CI 77492、CI 77499、CI 77718、CI 15985	5～15	0～2
珠光颜料	云母、氧化锡、氧化铁类、合成氟金云母、硼硅酸钙盐、铝	0～10	0～2
芳香剂	果香、花香	适量	
皮肤调理剂	生育酚乙酸酯、透明质酸钠、抗坏血酸棕榈酸酯、神经酰胺、泛醇、氨基酸	适量	
防腐剂	羟苯甲酯、羟苯乙酯、羟苯丙酯、羟苯丁酯	0.01～0.1	
抗氧化剂	BHA、BHT、季戊四醇四（双-叔丁基羟基氢化肉桂酸）酯	0.01～0.1	

二、典型配方与制备工艺

1. 唇膏

（1）典型配方　唇膏的典型配方见表 7-2。

表 7-2　唇膏的典型配方

组相	原料名称	用量/%	作用
A	石蜡	12.0	增稠
	小烛树蜡	8.0	增稠
	蜂蜡	2.0	增稠
B	二异硬脂醇苹果酸酯	20.0	润肤
	肉豆蔻酸异丙酯	8.0	润肤
	异壬酸异壬酯	4.0	润肤
	季戊四醇四异硬脂酸酯	40	润肤
C	聚甲基硅倍半氧烷	1.5	填充
	硅石	1.4	填充
D	CI 45410	2.0	着色
	CI 77891	1.0	填充
E	丁基羟基茴香醚	0.05	抗氧化
	羟苯甲酯	0.05	防腐

（2）制备工艺

① 将 A 相在搅拌下加热至 85～90℃，保持温度在此范围内，直到 A 相融化至澄清。

② 降温，当锅内温度降至 80～85℃时，将部分 B 相加入，缓慢搅拌至均匀无颗粒。

③ 当锅内温度降至 80～85℃时，缓慢将 C 相投入锅内，慢速搅拌至均匀无颗粒。

④ 将 D 相与部分 B 相混合均匀后，缓慢加入搅拌锅，直至均匀。

⑤ 将膏体卸下，用滤网过滤，换上干净的出料开关阀门。

⑥ 将膏体回锅，搅拌降温至 70℃，加入 E 相，搅拌均匀后，取样送检。

2. 润唇膏

（1）典型配方　润唇膏的典型配方见表 7-3。

表 7-3　润唇膏的典型配方

组相	原料名称	用量/%	作用
A	微晶蜡	1.0	增稠
	小烛树蜡	5.0	增稠
	蜂蜡	13	增稠
B	十三烷醇偏苯三酸酯	55	润肤
	牛油果树（BUTYROSPERMUM PARKII）果脂	5.0	润肤
	凡士林	2.0	黏合
	霍霍巴油	5.0	润肤
	向日葵籽油	5.0	润肤
	氢化聚异丁烯	8.0	黏合
	卵磷脂	0.8	皮肤调理
C	香精	0.1	赋香
	丁基羟基茴香醚	0.05	抗氧化
	羟苯甲酯	0.05	防腐

（2）制备工艺

① 将 A 相在搅拌下加热至 85～90℃，保持温度在此范围内，直到 A 相融化至澄清。

② 降温，当锅内温度降至 80～85℃时，将 B 相加入，缓慢搅拌至均匀无颗粒。

③ 将膏体卸下，用滤网过滤，换上干净的出料开关阀门。

④ 将膏体回锅，搅拌降温至 70℃，加入 C 相，搅拌均匀后，取样送检。

三、生产工艺

（一）膏体配制工艺

图 7-1 为膏体配制工艺流程。

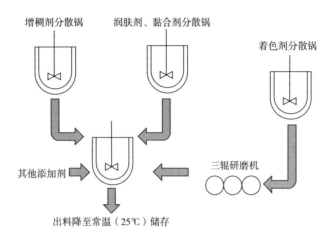

图 7-1　膏体配制（生产）工艺流程图

由图可知，膏体配制的生产工艺如下。

① 生产前准备。核对生产所用原料是否正确无误；所用设备是否正常并符合使用要求，是否已清洗干净并确保无水。

② 制备色浆。在不锈钢混合机内加入颜料，再加入适量用于分散色料的油，搅拌并充分湿润后，过三辊研磨机。为尽量使聚结成团的颜料碾碎，需反复研磨数次以达到要求的细度（一般要求色浆颗粒直径≤12μm）。

③ 将油、脂、蜡加入原料熔化锅，加热至 85℃ 左右，熔化并充分搅拌均匀。

④ 将预先制备好的色浆加入原料熔化锅，搅拌至均匀，此时应尽量避免在搅拌过程中带入空气。

⑤ 抽样送品管部检测膏体涂抹感及色料是否分散完全、没有色点。

⑥ 加入珠光原料（如有），搅拌均匀。

⑦ 按要求调色。

⑧ 颜色调好后，依次添加防腐剂、功效原料和香精。

⑨ 过滤出料。

（二）膏体灌装工艺

油蜡型产品的灌装是整个生产中最重要的环节，决定产品成型和使用效果。

根据外观不同，常见的有盘状和棒状。

1. 盘状产品灌装

图 7-2 为盘状模具。

图 7-2　盘状模具

盘状油膏类产品在所有油膏类产品中属于硬度最低、易折断、易变形产品。成型难度比棒状油膏类产品要低，必须执行定量灌装。如图 7-2 所示，盘状油膏类产品一般容量很少并且表面积较大，需要在灌装时一次成型，应选择能小质量定量的灌装机器，严格控制定量问题。多灌或少灌会造成凹陷、突出或灌装不平整等问题。

灌装生产工艺为：

① 将膏体加入搅拌锅，按工艺要求的灌装温度升温、搅拌，直到均匀；

② 按定量灌到铝盘里，以刚好比表面稍高而不会溢出为宜；

③ 待膏体稍冷后，置于冷冻台上冷却；

④ 快速高温返熔，减少收缩孔，使表面平整。

注意：由于灌装后的油膏产品会出现收缩孔，导致上表面收缩或断裂，需要在膏体上表面局部快速高温返熔，使灌装表面更加平整。

2. 棒状产品灌装

棒状产品的灌装则根据产品的具体性质，如折断力、熔点、硬度等，对于不同的包材采用不同的灌装方式，如图 7-3 所示。

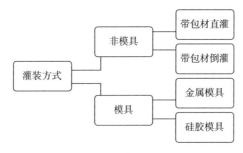

图 7-3　灌装方式

唇膏、润唇膏产品目前最流行的是棒状。灌装方式的选择往往取决于产品的具体理化性质，如硬度、熔点、折断力等。选择正确的灌装方式是决定产品能否发挥优点的关键。

(1) 非模具灌装

① 带包材直灌。带包材直灌是将膏体直接灌注于包材内部并直接成型的灌装方式。这种方式多出现在润唇膏或有色润唇膏中，一些按压式的唇膏笔就是采用此种方法灌装的。一般采用这种方式灌装的膏体，都是比较柔润且难以在常温下成型、起模，因此不能采用模具灌装。直接灌注的方式节省了开模的费用，但要求包材具有一定的耐热性，不易高温变形。

灌装生产工艺为：

a. 将膏体加入搅拌锅，按工艺要求的灌装温度升温、搅拌，直到均匀；

b. 确保包材的中束（唇膏或润唇膏包材承托膏身的部分）拧到底，将料体从包材的顶部沿壁灌入，以刚好比表面稍高而不会溢出为佳；

c. 待膏体稍冷后，置于冷冻台上冷却；

d. 快速高温返熔，减少收缩孔，使表面平整。

② 带包材倒灌。带包材倒灌的方式较少采用，国内这种类型的包材很少，且以斜口管居多。

灌装生产工艺为：

a. 将膏体加入搅拌锅，按工艺要求的灌装温度升温、搅拌，直到均匀；

b. 包材放进金属制具中，将膏体由包材底部通过珠子内的孔灌注；

c. 待膏体成型后，将产品从制具中取出；

d. 冷冻（-15℃），进一步成型后取出。

(2) 模具灌装　模具灌装是行业内最常见的方法。具体就是通过提前制作与包材匹配的灌装模具，将加热的膏体直接灌进模具内，依靠模具的形状得到相应的膏体形状，之后通过起模的方式将膏体插入包材里。模具有金属模具和硅胶模具两种。

① 金属模具。采用金属模具灌装的产品通常是硬度、折断力较高的常规产品，近年来还出现了一些双芯、三色等多次灌装的新型金属模具。由于采用金属模具能用最简单的方法灌装膏体，并且异常情况比带包材直灌、倒灌的方式要少，加之金属模具价格便宜、报废率低，在行业内使用较多。金属模具通常分为上模具和下模具两部分。上模具灌装膏体对应插入包材珠子内的膏体，而下模具是对应珠子以上的可直接使用的膏体。

金属模具的灌装工艺流程如图7-4所示。

灌装生产工艺如下。

a. 将膏体加入搅拌锅，按工艺要求的灌装温度升温、搅拌，直到均匀。

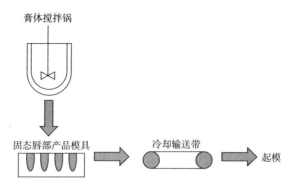

图 7-4 金属模具的灌装生产工艺流程图

　　b. 保温浇铸。保温搅拌的目的在于使浇铸时颜料均匀分散，故搅拌桨应尽可能靠近锅底，一般采用锚式搅拌桨，以防止颜料下沉。同时搅拌速率要慢，以免混入空气。浇模时将铝合金模具放在灌装机底部出料口，常将模具稍稍倾斜，避免或减少可能混入的空气，并且料体不应直接灌入模具底部，应让料体从倾斜高的一侧流入低的一侧，同时注意膏体厚度比模具孔的平面高，以免膏体冷却收缩，形成大的收缩孔，导致膏体容易折断。

　　c. 冷冻成型。待膏体稍冷后，刮去模具口多余的膏料，置于冷冻台上冷却。急冷是很重要的，这样可获得较细的、均匀的结晶结构，膏体表面的光泽度也更好。

　　d. 膏体一次灌装的量最好控制在一定的数量范围内，以 4h 内灌装完为宜，否则保温（70～80℃）浇模时间过久，香味容易变坏。

　　e. 将唇膏套插入容器底座，注意插正、插牢（戴皮指套，以防唇膏表面损坏），注意不要造成膏体变形。然后插上套子，贴底贴，就可以装盒了。

　　f. 一般建议灌装前预热模具（约 35℃），避免模具的表面温度与膏体灌装的温度差过大，引起膏体在 80℃灌注时快速凝结收缩，导致灌装出来的膏体变形或者有裂缝。模具灌装前也需要经过擦油的工序，以减少摩擦，有助于脱模。常用的有液体石蜡、硅油，建议选取黏性低的，以与膏体配方相容性好、不冲突为原则。

　　② 硅胶模具。采用硅胶模具灌装是近年来新型的灌装方式，由于灌装外观完整美观、缺陷较少，并可以灌出较复杂多样的图案，产品更受消费者青睐，现已逐渐取代金属模具灌装，成为主流的棒状油膏产品灌装方式。

　　操作方法为：将加热膏体灌注在硅胶模具内，冷却成型后利用真空负压将硅胶模具打开并通过机械起模的方式将膏体拔出。硅胶灌装设备有半自动和全自动两种。基于模具的不同，灌装方法也可分为半硅胶模具灌装和全硅胶模具灌装。

　　a. 半硅胶模具灌装类似于金属模具灌装，分为上模具和下模具两部分，上模具为金属模具，下模具为硅胶模具。起模时，需要先脱出上模具，将部分灌装膏体外露，再对下模具进行负压打开处理，并进行机械起模。

b. 全硅胶模具灌装没有上下模具之分，是一个整体的硅胶模具。在起模时，首先用负压打开模具顶部，用机械的方式将包材插入，之后再次以负压打开模具底部，将膏体完全脱出。全硅胶模具灌装所需控制的参数较半硅胶模具简单，因此在化妆品行业内广泛使用。

四、关键工艺控制点

1. 准备工作与预处理

① 称料前必须校正天平，称取原料时要核对原料是否合格可用，标签上的信息是否与生产单所用原料相符。

② 配料前核对原料的名称、数量是否与配方单一致，均无误后方可配料。

③ 生产所用设备是否已清洗干净并消毒，应确保无水、无其他残留。

④ 色浆是否已按需提前做好预分散。色料过三辊机研磨前注意必须与用于分散的油搅拌并充分湿润，为尽量使聚结成团的颜料碾碎，需反复研磨数次并达到要求的细度（一般要求色浆颗粒直径≤12μm）。

2. 关键原料的投料

对于关键原料的投料需要特别注意投料的顺序、温度和投料过程中的搅拌操作。

（1）油性增稠剂或硅树脂型增稠剂　一般这类原料分散困难，如在生产时才配制，不仅需要较长的时间，还难以分散均匀，最好提前一天配制待用（使用相应的油脂或硅油作为溶剂，按照不同油性增稠剂或硅树脂型增稠剂的具体特性，采用不同的温度、时长和搅拌方式预混合均匀使用）。加入前必须确保这类原料已经分散均匀后才能使用，避免发生结团不均匀的现象。

（2）色浆　色浆虽然是通过三辊研磨机预分散好的，但添加前还是必须搅拌均匀，边搅拌边加入。

（3）珠光颜料　有一定粒径要求，否则会与目标颜色有偏差。因此，珠光颜料不要与色浆同时加入，需要确保色浆加入并完全分散均匀没有色点后才能加入珠光颜料，且不可长时间强力搅拌，否则会使最终产品的颜色与目标颜色产生偏差。

（4）香精和提取物　调色完成后添加，且均不能长期加热，以免发生变味、变性、失效等现象。

3. 中间过程控制

① 由于配制油蜡型配方，部分蜡剂熔点较高甚至超过100℃高温，不适宜使用蒸汽加热的锅配制，因此应按照具体原料的熔点使用适当的生产锅。

② 生产过程中，应尽量避免在搅拌时带入空气，特别是配制完成准备出料前。必要时可通过真空消泡，否则唇膏表面会带有气孔，影响外观质量。

③ 由于部分色浆比重较大，可能在配制过程中沉淀在锅底部。为避免因沉淀导致的调色问题，应将色浆部分均匀搅拌后放入，如有条件应将整体色浆过三辊机研磨后再放进锅内搅拌，并最好使用带有塑胶刮板的搅拌桨，以确保锅边或锅底的原料都能被均匀搅拌，配制过程中要不定时刮锅边和搅拌锅的底部。

④ 金属唇膏或哑光唇膏这些含有较高含量悬浮剂、填充剂或珠光剂的唇膏，在配制完成、高温出锅后有可能产生珠光剂等沉淀在膏体底部，应使用方形盘状储存容器储存。产品灌装时，应将整盘容器内膏体同时返熔灌装，不应不规则地取部分膏体灌装。

4. 出料控制

① 唇膏和润唇膏都是固态产品，但出料需要膏体处于可流动的状态，温度过低出料困难，温度过高则会加长膏体出料后在容器中凝固的时间，不利于储存。另外，一些填充粉剂较多或珠光剂较多的产品，填充剂会直接沉降到容器的底部，如需再次熔膏或灌装则很容易引起膏体不均匀，因而出料温度需要控制在膏体熔程范围内较低的温度点。

② 必须过滤出料，一般采用100目滤网过滤后出料。

③ 出料控制为一个独立包装的量，最好与自身灌装产量匹配，可一次完成灌装的量为宜。

④ 密封包装，避光，防止污染及带入异物。

⑤ 标识信息完整。

5. 储存、运输

① 由于唇膏会使用到有机色粉，原料在长期光照下易褪色或变色，在配制后应使用不透光的密封容器密封存储。而以成品形式储存也需选择不透光包材，避免接触光照。

② 储存期间需要注意储存环境中空气温度和湿度的控制，避免温度或湿度不稳定的情况。一般油蜡型膏体储存温度为5~30℃，湿度以4%~60%为佳，特殊产品以具体产品特性为准，并应采用多重密封器皿储存，避免细菌和真菌在膏体中滋生，产生微生物超标的问题。

③ 膏体完成灌装后的半成品或成品，应注意存放位置，尽量避免接近光源、热源、火源，避免导致产品变形甚至融化。并且不能和有腐蚀性、有毒、有高挥发性的化学物品或危险品共同存放。

④ 以半成品、成品存放时，应按照产品的具体性质。如唇膏、润唇膏等棒状油膏类产品应保持产品直立放置，避免侧放或倒放造成的膏体变形或贴壁甚至脱膏的问题，影响整体产品外观。而盘状油膏类产品，如唇膏盘、眉膏盘等，应保

持平放状态，避免倒放。

6. 盘状油膏类产品的灌装关键

① 盘状油膏类产品一般容量不大，但表面积较大，需要在灌装时一次成型，因此灌装中要严格控制定量问题，应选择能小质量定量的灌装机器。多灌或少灌会造成突出、凹陷或灌装不平整的问题。

② 灌装温度和速度问题。按照产品的具体熔点增加 10℃ 作为具体灌装温度。油蜡型产品会在灌装后受到热胀冷缩的影响，如灌装温度过高，冷却后易因收缩而出现凹陷，如灌装温度与灌装容器温度差较大，则易出现开裂的现象。

7. 棒状油膏类产品的灌装关键

① 金属模具灌装，灌装前模具需要进行擦油处理，减少膏体与模具之间的黏附，降低粘模风险。模具擦油处理时必须均匀擦拭，使油在壁内分布均匀，否则会出现阴阳面或粘模的现象。

② 灌装温度、速度要按工艺要求，同时注意灌装时膏体流动速度和灌装嘴流向的方位，避免膏体表面出现条纹等灌装痕迹。粉剂或珠光剂添加量较大的配方，需要严格控制灌装时的温度和流速，避免珠光剂或粉剂沉淀产生的灌装效果不一致。

③ 膏体溶解过程注意搅拌速率，不要因搅拌带入气泡，灌装前需要注意观测，如有需要可抽真空处理，避免产生气孔。

④ 如手动金属模具灌装起模，要注意对位。

⑤ 硅胶灌装应视配方、包材情况，选择半硅胶灌装或全硅胶灌装方式。

⑥ 半硅胶适用于参数较稳定的产品，尤其是对硅胶影响不大的膏体。由于下模具形状固定，仅靠上模具膏体插入包材内，如定量不一，会引起脱膏。在硅胶不吸附配方中的硅油的情况下，硅胶不变形能更好地控制膏体插入深度。

⑦ 表面积或体积较大的产品最好选择半硅胶灌装。产品体积或表面积较大，会增加机械起模所需的力，硅胶长期受外力影响会加速变形。最好采用半硅胶灌装这种不受机械插入外力影响的灌装方式。

⑧ 体积较小的产品更适合用全硅胶灌装，体积较小通常意味着灌装量较少，如采用半硅胶灌装方式很难达到灌装量和机械起模力度的平衡。

⑨ 斜口管灌装产品应选用全硅胶灌装方式，由于硅胶会因为长期灌装老化变形，斜口管的膏体与包材之间的间距非常小，如采用半硅胶灌装方法，在硅胶老化胀大的情况下，会灌装出形状异常的膏体。

8. 包装

① 唇膏和润唇膏的包装应符合 QB/T 1685—2006 的要求。

② 包装印刷的图案与字迹必须整洁、清晰、不易脱落。

③ 包装标签必须准确，不应贴错、贴漏、倒贴、脱离。

④ 包装上必须有正确的生产日期和有效期。

⑤ 成品需要保持产品直立放置，禁止将产品平放或倒放。

⑥ 产品在彩盒内需要固定，不因外力而晃动，一般会增加吸塑或纸卡。

⑦ 选择合适的辅料缓解运输过程中因抛甩而受到的损坏。

五、常见质量问题及其原因分析

1. 异物缺陷

此类缺陷在化妆品中属于严重缺陷，具体是指产品中如膏体、包材内发现不属于配方和包材或辅料的异物，如杂质、金属屑等。

（1）原因分析　通常来自制膏或灌装时受到的外物污染，或由包材、辅料等在灌装或包装过程中带来的异物。

（2）解决方法　避免这类严重缺陷非常简单，需要时刻保持操作环境的洁净，对原料、包材、辅料、成品等的储存空间严格要求。

2. 颜色差异

一般指涂抹颜色差异或膏体外观存在明显的颜色差异。

（1）原因分析　每批次生产由于色料批次，对颜色的控制，调色工艺，加上不同人对颜色的感知等原因会存在一定的差异。

（2）解决方法

① 从消费者的角度，制定可接受的限度版。

② 色料入库要严格检测，按标准色板对色，保证原料符合颜色要求。

③ 建立严格的调色机制，对色需要同时对标外观色与涂抹色。

④ 标准色板要保存在正确的环境，并应定时更换，保持批次一致。

3. 气味差异

（1）原因分析　膏体生产过程中在高温下停留时间过长，引起配方中的油脂或香精变味。过高的储存温度或过高的湿度很容易导致微生物的滋生，使膏体产生腐败的味道。

（2）解决方法

① 香精必须在调色完成后加入，以避免香精在高温制膏时产生变味。

② 配制过程严格按工艺要求操作，温度不能超过要求；避免制膏时间、灌装时间过长。

③ 需要注意存储环境，也可考虑在配方中加入适量的防腐剂。

④ 排查是否因原料批次而引起质量问题。

4. 杂色

指在膏体灌装后发现的局部颜色不均匀的现象。

（1）原因分析　最常见的原因就是模具未被清理干净导致。还可能因膏体过量加热，加之灌装搅拌过慢，膏体在溶解时没有得到充分的搅拌，导致加热不均匀造成。

（2）解决方法

① 模具使用前需要擦拭干净。

② 灌装过程的搅拌速率以能搅拌完全而又不会带入气泡为宜。

5. 气孔

指膏体表面出现大小不一的气孔。

（1）原因分析　灌装的膏体存在气泡或灌装时产生气泡，凝固后变成气孔。

（2）解决方法

① 灌装前延长慢速搅拌的时间，必要时可对膏体进行抽真空处理。

② 加热灌装模具；提高灌装温度；灌装后在常温（25℃）下完成表面凝固后再冷却凝固等。

③ 手动金属模具灌装要注意灌装时模具需倾斜一定的角度，让膏体顺着模具边缘流入。

6. 收缩孔

指在膏体表面可见的、不同程度的、低于表面水平的凹的现象。

（1）原因分析　膏体冷却引起收缩，在膏体表面留下不同程度的收缩孔。

（2）解决方法

① 熔程较长的产品能够通过快速高温返熔减少收缩孔。

② 熔程较短的产品则可通过降低加热温度灌装来减少这种现象的出现。

7. 灌装痕迹

指在膏体表面出现的横向有规律的痕迹。

（1）原因分析　膏体灌装时的温度过低并与模具表面温度相差较大。

（2）解决方法　提高膏体灌装的温度；加热灌装模具。

8. 模具印

指灌装后的产品表面有不均匀的现象，如硅胶模具灌装的硅胶印或金属模具灌装的油印问题。

（1）原因分析

① 模具内表面不光滑；

② 硅胶材质对配方中的部分油脂有吸附作用；

③ 模具擦油不均匀。

（2）解决方法

① 检查模具是否平整。

② 需要注意产品配方与硅胶模具的材质是否匹配。

③ 金属模具必须严格执行擦油工序，擦油时需要注意涂抹均匀。

9. 膏体刮伤

（1）原因分析　属于膏体的物理性碰撞产生。出现在带包材直灌或带包材倒灌方式中的产品比例较多，由于膏体与包材之间的摩擦，在膏体旋出时导致的有规律的机械纹路产生。

（2）解决方法

① 确保膏体已经完成结晶成型才能旋出检测。

② 确保模具平整没有刮花。

③ 避免灌装过程中膏体歪斜导致与包材碰撞产生的刮伤问题。

10. 油印

需要区分油印和模具印的区别，油印是指在初始灌装后并未能马上观察到的油印，而是通过存放后产生的出油现象。油印问题是否判断为严重异常取决于产品出油后是否在经过常温存放后产生油珠回吸。如不能回吸则为严重异常，需要调整配方处理。

（1）原因分析　油印问题最主要的原因是配方内部分原料之间的不相容现象导致。

（2）解决方法　调整配方。

11. 粘模

膏体与模具粘连，起模困难且起模后膏体表面有某个部位不光滑。

（1）原因分析　配方含有黏附性较强的油脂。

（2）解决方法

① 选择合适的模具材质，模具内表面打磨或做工艺处理保证其光滑度良好。

② 工艺上可以调整冷却的温度和时间。

③ 灌装前，金属模具必须预先擦油处理，并要涂抹均匀。

④ 擦拭模具的油脂建议从配方中选择，且需要选择表面张力较大、能均匀分布在模具上的油脂。

第二节　发　蜡

发蜡是全部以蜡或者主要以蜡并配合定型成膜剂来达到头发造型的膏状或蜡状造型产品。

一、配方组成

发蜡根据配方结构的不同，可分为纯油蜡基发蜡和乳化型发蜡。

纯油蜡基发蜡是软膏状或半固体状，属于头发造型用化妆品，多为油、脂、蜡的混合物。其主要作用是修饰和固定发型，增加头发的光亮度，多为以男性短发为代表的发型使用。由于这种发蜡黏性较高、油性较大、易黏灰尘、清洗较为困难，已逐渐被新型的头发造型产品所代替。

纯油蜡基发蜡主要有两种类型。以植物油、蜡为主要原料的称为植物型发蜡。以矿物油为主要原料的称为矿物型发蜡。采用植物油、脂、蜡制成的发蜡，主要原料是蓖麻油和日本蜡，制成的发蜡略带透明，透明程度要比脂制成的发蜡好一些。采用矿物油制成的发蜡，主要原料是在矿脂中加入适量的 30♯ 矿物油精制而成的白凡士林，其余是少量的香精和油溶性色素。

乳化型发蜡是目前市场上比较流行的产品。乳化型发蜡包括 O/W 型和 W/O 型两种。乳化型发蜡的外观呈乳膏状，与纯油蜡基发蜡相比，优点是配方较为清爽、体验感更好、容易清洗，配方中可以加入成膜剂来调整定型能力。

纯油蜡基发蜡的配方组成见表 7-4，乳化型发蜡的配方组成见表 7-5。

表 7-4　纯油蜡基发蜡的配方组成

组分	常用原料	用量/%
油类	液体石蜡等矿物油；蓖麻油、杏仁油等植物油	$10\sim20$
脂类	凡士林、松香	$10\sim30$
蜡类	日本蜡、石蜡、地蜡、鲸蜡；合成蜡类；聚氧乙烯衍生物等	$50\sim80$
香精、色素	根据产品设计要求加入	$0.1\sim1.0$
抗氧化剂	根据产品设计要求加入	$0.1\sim0.2$

表 7-5　乳化型发蜡的配方组成

组分	常用原料	用量/%
油类	液体石蜡等矿物油；蓖麻油、杏仁油等植物油	$2\sim50$
脂类	凡士林、松香	$2\sim30$
蜡类	日本蜡、石蜡、地蜡、蜂蜡、小烛树蜡鲸蜡；合成蜡类；聚氧乙烯衍生物等	$5\sim20$
香精、防腐剂	根据产品设计要求加入	$0.5\sim1.0$
乳化剂	非离子型、阴离子型乳化剂	$1.0\sim3.0$
增稠剂	卡波姆、硅酸镁铝、丙烯酸聚合物	$0.5\sim1.0$
定型成膜剂	同啫喱凝胶中成膜剂一致	$0.5\sim3.0$

二、典型配方与制备工艺

1. 矿物型发蜡

（1）典型配方　矿物型发蜡的典型配方见表 7-6。

表 7-6　矿物型发蜡的典型配方

商品名	原料名称	用量/%	作用
15#白矿油	液体石蜡	48.85	护发
石蜡	石蜡	20.0	定型
MERKUR 500	矿脂	30.0	定型
IRON BLACK	氧化铁黑	0.1	赋色
香精	香精	1.0	赋香
BHT	丁羟甲苯	0.05	抗氧化

（2）制备工艺

① 将矿脂预热后，加入液体石蜡、石蜡和油溶性色素。

② 冷却至 60～70℃，加入香精，搅拌均匀。

③ 过滤，趁热包装。

注意：在 60～70℃ 时包装要控制在 1～2h 完成，以保证香气的质量。包装完成后，将盒和瓶装发蜡放入 30℃ 的恒温室内慢慢冷却，需 12～18h，这样可使发蜡在瓶内不与玻璃壁产生空隙和凹陷。

2. 植物型发蜡

（1）典型配方　植物型发蜡的典型配方见表 7-7。

表 7-7　植物型发蜡的典型配方

商品名	原料名称	用量/%	作用
CASTOR OIL	蓖麻油	87.8	护发、溶剂
BW 95	蜂蜡	8.0	定型
1521	合成巴西棕榈蜡	3.0	定型
IRON BLACK	氧化铁类	0.1	赋色
香精	香精	1.0	赋香
BHT	丁羟甲苯	0.1	抗氧化

（2）制备工艺

① 将蓖麻油预热至 75℃。

② 加入丁羟甲苯使其溶解完全。

③ 另取出一部分与合成巴西棕榈蜡和蜂蜡混合，预热至蜡完全熔化。

④ 与蓖麻油混合（蓖麻油绝对不可用明火加热或长时间加热）。

⑤ 降温至 60～65℃，加入香精、氧化铁类等。

⑥ 静置降温至 45～55℃时加压过滤。

⑦ 然后装入玻璃瓶内，立即送入冷冻箱内（－5℃以下）进行急速冷却（约 20min）。

⑧ 取出即得产品。

这里需急速冷却是因冷却的方式会影响油、蜡间的状态。若令其在室温下慢慢逐渐冷却，此时蜡在蓖麻油中呈稀散状花朵状晶体；若在－5℃以下急剧冷却，则蜡在蓖麻油中呈星状晶体，油脂与蜡形成更紧密的结构，这样可保证发蜡的光泽和硬度。

3. 乳化型发蜡

（1）典型配方　乳化型发蜡的典型配方见表 7-8。

表 7-8　乳化型发蜡的典型配方

组相	商品名	原料名称	用量/%	作用
A	BW 95	蜂蜡	5.0	定型
	1521	合成巴西棕榈蜡	3.0	定型
	微晶蜡 80	微晶蜡	5.0	定型
	MERKUR 500	矿脂	4.0	定型
	IPP	棕榈酸异丙酯	2.0	护发、溶剂
	CS 73	鲸蜡硬脂醇	1.0	增稠
	GMS	甘油硬脂酸酯	0.5	乳化
	CS 20	鲸蜡硬脂醇聚醚-20	2.0	乳化
	PP	羟苯丙酯	0.1	防腐
B	水	去离子水	加至 100	溶剂
	PG USP	丙二醇	4.0	保湿
	PVP K 90	聚乙烯吡咯烷酮	1.0	定型
	EDTA	EDTA 二钠	0.1	螯合
	MP	羟苯甲酯	0.2	防腐
C	香精	香精	0.4	赋香
	PE 95	苯氧乙醇	0.4	防腐

（2）制备工艺

① 将 A 相原料加入油锅，加热至 80℃。

② 将 B 相原料加入水锅，加热至 75℃。

③ 将油相和水相抽入乳化锅中乳化后降温，冷却至 55～60℃。

④ 加入 C 相原料，搅拌均匀。

⑤ 过滤，趁热包装。

注意：在 55～60℃ 时包装要控制在 1～2h 完成，以保证香气的质量。包装完成后，将盒和瓶装发蜡放入 30℃ 的恒温室内慢慢冷却，需 12～18h，这样可使发蜡在瓶内不与玻璃壁产生空隙和凹陷。

三、生产工艺

1. 纯油蜡基发蜡的生产工艺

（1）准备工作　配制发蜡的容器应采用不锈钢夹套加热锅，装有简单螺旋桨搅拌器。须保持容器和工具清洁、干燥。

（2）配料、加热、搅拌　按配方准确配料，蓖麻油和日本蜡等植物油分别放在夹套加热锅中加热，为了避免植物油脂长时间加热易被氧化的问题，可以通过调节液体油和固体蜡的加料顺序，以尽量缩短加热的时间。同时加入油溶性色素、香精、抗氧剂，搅拌均匀，温度维持在比配方中最低熔点蜡适当高 10℃ 左右，比如 60～65℃，通过过滤器和管道即可浇瓶，要求配料搅拌和浇瓶包装在 1～2h 内完成，每锅配料控制在 100～150kg 为宜。

纯油蜡基发蜡的生产工艺流程见图 7-5。

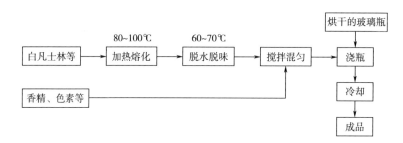

图 7-5　纯油蜡基发蜡生产工艺流程图

2. 乳化型发蜡的生产工艺

（1）准备工作　蜡类原料应储藏在室内仓库，以免因包装漏气而渗入雨水，影响使用。配制发蜡的容器应采用不锈钢夹套加热锅，装有简单螺旋桨搅拌器。须保持容器和工具清洁，不能沾有水分。

（2）配料、加热、乳化　按配方准确配料，蜡类原料和油脂等成分放在夹套加热油锅中加热，水相原料在水锅中加热，待温度达到预定温度提前停止加热，搅拌使油、水两相中原料都完全溶解。预热乳化锅后，分别抽入油、水两相原料，抽真空，均质搅拌。通冷却水冷却，待乳化锅中料体降至指定温度后，加入防腐剂、香精等原料，搅拌均匀取样检测。合格后即可进行灌装。

（3）产品灌装　发蜡产品结膏温度一般都较高，灌装温度的设定也要适当高一些。灌装后，放置冷却至常温后再盖盖子，避免产品产生"出汗"的现象。

乳化型发蜡的生产工艺流程见图 7-6。

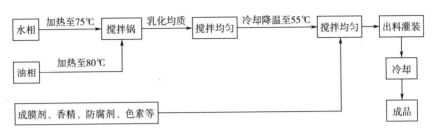

图 7-6　乳化型发蜡生产工艺流程图

四、关键工艺控制点

1. 原料的储存

发蜡发泥中用到的粉类原料要做好密封处理，要存储在干燥通风的仓库中，避免吸潮、长菌、霉变。粉类、油脂等原料的原包装开封后要尽快使用完，长期放置不用的已开封原料，使用时要重新送检，合格后才可使用。

2. 预处理

乳化型发蜡配方中的粉状定型成膜剂预先溶解后加入水相或者低温加入，避免出现溶解不完全产生颗粒状物质。

发泥配方中含有一定量的粉类成分，比如高岭土、滑石粉、膨润土、二氧化硅粉等，这些粉类物质加入时要特别注意，最好在高速搅拌的水相锅中加入，利用高温水相物料对其进行充分湿润，并且保温 20min 以上进行高温灭菌处理，之后才能抽入乳化锅中参与乳化。乳化过程中要进行充分均质，确保粉类物料充分搅拌分散均匀。

3. 关键原料的投料

加热油相时，不能长时间高温加热，否则易导致某些蜡类原料酸败变色，影响产品品质。

4. 中间过程控制

蜡基型发蜡制备过程中尽量不在料体冷却时加入原料，而应在高温搅拌时加入，避免出现不均匀的情况。

防腐剂和香精等对温度敏感的原料要严格按照工艺说明进行操作，减少原料在高温条件下的损耗，确保产品质量稳定。

5. 出料控制

发蜡产品配方中蜡类原料较多，低温时产品内料稠、厚度大，为了便于内料顺利出料，出料环节需要在较高的温度进行。出料前要按照工艺要求抽真空，排除气泡，出料速度应该平缓，不宜剧烈，避免出料过程中产生气泡，对料体外观造成不良影响。

6. 储存

蜡基型发蜡的半成品制备完成并检测合格后，有条件的可以取消半成品储存环节，即刻组织保温灌装，避免半成品反复多次加热，导致油脂氧化酸败。

不能即刻组织灌装的，出料后要密封好，避免半成品在待检区静置。夏天温度较高时，可以放在通风较好的区域进行冷却。蜡基型发蜡出料温度较高时，半成品储存桶要远离其他半成品储料桶，避免高温交叉影响。

7. 灌装

（1）蜡基型发蜡的灌装　浇瓶后的冷却速率要快一些，植物型发蜡在快速冷却过程中，蜡的结晶更细。有条件的工厂可以将浇瓶后的发蜡放入－10℃的冰箱或放置在－10℃的专用工作台上，与制造唇膏时的浇模后冷却要求相同。高温加工过程中的生产安全也是要特别注意的问题。

（2）乳化型发蜡的灌装　发蜡产品结膏温度一般都较高，灌装温度的设定也要适当高一些。灌装后，放置冷却至常温后再盖盖子，避免产品产生"出汗"的现象。

8. 包装

灌装后的发蜡，按照配方的不同要求，放置在室温下冷却，按照普通的化妆品包装要求进行包装即可。为了保持发蜡表面平整，包装过程中产品最好正常放置，不要倾斜或倒置。

五、常见质量问题及其原因分析

1. 蜡基型发蜡在冷天"脱壳"

（1）原因分析

① 发蜡浇瓶后，室温过低或保温条件不好，发蜡冷却速率过快，使发蜡收缩。

② 玻璃瓶不够干燥或瓶内含有微量水分。

③ 包材密封效果不佳，在货架期内很容易出现乳化型发蜡干缩的现象。

（2）解决方法

① 发蜡浇瓶时，按照关键工艺点要求控制灌装环境温度。

② 保持玻璃瓶干燥，增加灌装前检验环节。

③ 测试包材密封效果，确保密封良好。

2. 蜡基型发蜡在热天"发汗"

（1）原因分析　白凡士林中含有石蜡成分或白凡士林熔点过低，在室温较高时会出现发蜡表面有汗珠状油滴渗出，称为"发汗"。

（2）解决方法

① 配方稳定后，注意控制原料（特别是白凡士林）的质量，替换原料供应商时要做充分的测试，确保产品质量稳定。

② 加入天然地蜡或鲸蜡。天然地蜡的吸油性能很好，其加入量以控制在热天基本不"发汗"为度，否则，发蜡过于黏稠，使用时的展开性能就比较差。

3. 乳化型发蜡在热天"出水"

（1）原因分析

① 乳化剂的乳化能力不够，导致配方体系不稳定。

② 高温的环境加快了配方不稳定的状况，导致"出水"。

③ 发蜡配方中固体蜡的含量过高。

（2）解决方法　确保称量准确，乳化过程按工序要求操作。

第三节　睫毛膏

睫毛膏为涂抹于睫毛的彩妆化妆品，主要作用是使睫毛着色，形状整齐漂亮，以增强眼睛的魅力。常用睫毛膏的包装是带小毛刷和小细棒的内藏式容器，内部装有膏状或液状的制品。睫毛膏分为 O/W 型睫毛膏和 W/O 型睫毛膏。

一、配方组成

O/W 型睫毛膏和 W/O 型睫毛膏的配方组成如表 7-9 和表 7-10 所示。

表 7-9　O/W 型睫毛膏的配方组成

组分	常用原料	用量/%
溶剂	去离子水、甘油、乙醇、丙二醇、二丙二醇、丁二醇、1,2-戊二醇	40～60
黏合剂	羟乙基纤维素、黄原胶、阿拉伯胶	1～5
增稠剂	蜂蜡、白峰蜡、小烛树蜡、巴西棕榈蜡、鲸蜡醇、羊毛脂醇、硬脂酸、山嵛酸	2～4
润肤剂	异十二烷、异十六烷、液体石蜡、辛酸/癸酸甘油三酯、异壬酸异壬酯	10～30
悬浮剂	尼龙-12、云母、硅石	0～5
亲水乳化剂	PEG-40 硬脂酸酯、硬脂醇聚醚-20、异鲸蜡醇聚醚-20、聚山梨醇酯-80	1～5
成膜剂	聚丙烯酸酯乳液、聚氨酯、聚乙酸乙烯酯	10～30

组分	常用原料	用量/%
着色剂	氧化铁类、炭黑	按颜色要求
防腐剂	羟苯甲酯、羟苯丙酯	适量
抗氧化剂	季戊四醇四（双-叔丁基羟基氢化肉桂酸）酯、抗坏血酸四异棕榈酸酯	适量

表 7-10   W/O 型睫毛膏的配方组成

组分	常用原料	用量/%
溶剂	去离子水、甘油、乙醇、丙二醇、二丙二醇、丁二醇、1,2-戊二醇	40~60
黏合剂	羟乙基纤维素、黄原胶、阿拉伯胶	3~8
增稠剂	蜂蜡、白峰蜡、小烛树蜡、巴西棕榈蜡、鲸蜡醇、羊毛脂醇、聚乙烯	2~4
润肤剂	异十二烷、异十六烷、液体石蜡、辛酸/癸酸甘油三酯、异壬酸异壬酯、环聚二甲基硅氧烷	10~30
悬浮剂	尼龙-12、云母、硅石	0~5
亲油性乳化剂	山梨坦倍半油酸酯、硬脂醇聚醚-2、山梨坦三硬脂酸酯、聚山梨醇酯-80	1~5
成膜剂	聚丙烯酸酯乳液、聚氨酯、聚乙酸乙烯酯	10~30
着色剂	氧化铁类、炭黑	按颜色要求
防腐剂	羟苯甲酯、咪唑烷基脲、羟苯丙酯、多元醇	适量
抗氧化剂	季戊四醇四（双-叔丁基羟基氢化肉桂酸）酯、抗坏血酸四异棕榈酸酯	适量

二、典型配方与制备工艺

1. O/W 型睫毛膏（一）

（1）典型配方 O/W 型睫毛膏（一）的典型配方见表 7-11。

（2）制备工艺

① 将 A 相预分散均匀后加热至 80~85℃，保持温度慢速搅拌。

② 将 B 相加热至 80~85℃，直至澄清透明。

表 7-11 O/W 型睫毛膏（一）的典型配方

组相	原料名称	用量/%	作用
A	水	加至 100	溶解
	EDTA 二钠	0.05	螯合
	羟乙基纤维素	0.2	黏合
	甘油	3.0	保湿
B	硬脂酸	3.5	增稠
	巴西棕榈蜡	4.0	增稠
	硬脂醇聚醚-10	0.1	乳化
	甘油硬脂酸酯	3.5	乳化
	辛酸/癸酸甘油三酯（GTCC）	6.0	润肤
	异十六烷	6.0	润肤
C	炭黑分散液	15.0	赋色
	聚丙烯酸酯乳液	30.0	成膜
	生育酚	0.5	抗氧化
D	三乙醇胺（TEA）	1.0	调节 pH 值
E	尼龙-12	0.1	填充
F	防腐剂	0.1	防腐

③ 将 B 相缓慢加入 A 相中，用均质机高速分散乳化 3min 左右直至膏体细腻无颗粒。

④ 缓慢加入 C 相，用均质机高速分散至均匀，开始降温。

⑤ 待降温至 50℃ 左右，可以缓慢加入 D 相，缓慢搅拌直至膏体均匀。

⑥ 缓慢加入 E 相，边搅拌边降温。

⑦ 加入 F 相，缓慢搅拌直至膏体均匀，并降温到 40℃ 以下出锅。

2. O/W 型睫毛膏（二）（可叠加纤维的）

(1) 典型配方 O/W 型睫毛膏（二）（可叠加纤维的）的典型配方见表 7-12。

表 7-12 O/W 型睫毛膏（二）（可叠加纤维的）的典型配方

组相	原料名称	用量/%	作用
A	蜂蜡	3.0	增稠
	硬脂酸	1.0	增稠
	硬脂醇聚醚-20	4.0	乳化

组相	原料名称	用量/%	作用
A	异鲸蜡醇聚醚-20	2.0	乳化
	液体石蜡	12.0	润肤
	异十二烷	10.0	润肤
B	水	加至100	溶解
	黄原胶	0.3	黏合
C	炭黑分散液	18.0	着色
	乙醇	5.0	溶解
	三乙醇胺（TEA）	1.0	调节 pH 值
D	聚乙酸乙烯酯	30.0	成膜
	聚丙烯酸酯乳液	5.0	成膜
E	生育酚	0.5	抗氧化
F	防腐剂	0.1	防腐
G	尼龙-66（纤维）	0.5	填充
	硅石	0.1	填充

（2）制备工艺

① 将 B 相预分散均匀后加热至 80～85℃，保持温度慢速搅拌。

② 将 A 相加热至 80～85℃，直至澄清透明。

③ 将 A 相缓慢加入 B 相中，用均质机高速分散乳化 3min 左右直至膏体细腻无颗粒。

④ 降温到 50℃ 以下，缓慢依次加入 C 相，用均质机高速分散直至均匀，开始降温。

⑤ 待降温至 45℃ 左右可以缓慢加入 D 相，缓慢搅拌直至膏体均匀。

⑥ 缓慢加入 E 相，边搅拌边降温。

⑦ 加入 F 相、G 相，缓慢搅拌直至膏体均匀，并降温到 40℃ 以下出锅。

3. O/W 型睫毛膏（三）

（1）典型配方　O/W 型睫毛膏（三）的典型配方见表 7-13。

（2）制备工艺

① 将 B 相预分散均匀后加热至 80～85℃，保持温度慢速搅拌。

② 将 A 相加热至 80～85℃，直至澄清透明。

表 7-13　O/W 型睫毛膏（三）的典型配方

组相	原料名称	用量/%	作用
A	蜂蜡	3.0	增稠
	小烛树蜡	1.0	增稠
	硬脂酸	4.0	增稠
	山梨坦异硬脂酸酯（司盘120）	4.0	乳化
	硬脂醇聚醚-2	4.0	乳化
	异十二烷	10.0	润肤
	碳酸二辛酯	10.0	润肤
	氢化聚异丁烯	5.0	润肤
B	水	加至100	溶解
	羟乙基纤维素	0.2	黏合
C	炭黑分散液	13.0	着色
	氧化铁分散液	5.0	着色
D	聚乙酸乙烯酯	20.0	成膜
	聚丙烯酸酯乳液	15.0	成膜
	乙醇	5.0	溶解
E	硅石	5.0	填充
	尼龙-12	2.0	填充
F	生育酚	0.5	抗氧化
	防腐剂	0.1	防腐

③ 将 A 相缓慢加入 B 相中，用均质机高速分散乳化 3min 左右直至膏体细腻无颗粒。

④ 降温至 50℃以下，缓慢加入 C 相，用均质机高速分散直至均匀，开始降温。

⑤ 待降温至 45℃左右可以缓慢依次加入 D 相，缓慢搅拌直至膏体均匀。

⑥ 依次缓慢加入 E 相、F 相，搅拌均匀后降温至 40℃以下出锅。

三、生产工艺

因睫毛膏大部分是水包油（O/W）型配方，故生产工艺以水包油（O/W）型为例。生产必须用到的设备有熔料搅拌锅、粉碎机、碾磨机等，过程需经过混合、碾磨和高温溶解。O/W 型睫毛膏生产工艺流程如图 7-7 所示。

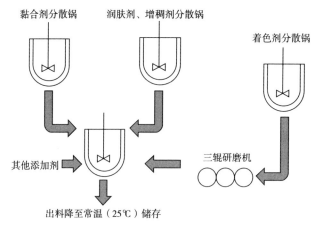

图 7-7　O/W 型睫毛膏生产工艺流程

① 预分散色浆，将色料与分散油脂按合适的比例混合搅拌均匀，经三辊研磨机研磨均匀。

② 将油脂、蜡、乳化剂加入搅拌锅，加热至 80~90℃直至溶解。

③ 将溶剂、增稠剂、悬浮剂等加入分散锅，加热至 80~90℃直至溶解，待用。

④ 再将碾磨分散好的粉浆加入主搅拌锅中进行搅拌分散，匀速搅拌并使锅内温度维持在 80~90℃。

⑤ 降温至 70~80℃，O/W 型产品将油相原料缓慢加入水相，而 W/O 型产品则相反，并采用均质器高速均质直至均匀。

⑥ 持续搅拌膏体，降温直至膏体温度降至 45℃以下，将其他水性成膜剂以及添加剂加入主搅拌锅。

⑦ 对色，如有需要，调整颜色。

⑧ 降温至合适的温度，加入其他添加剂（香精或纤长睫毛膏需要加入纤维），搅拌均匀。

⑨ 慢速搅拌降温至 40℃以下出料，送检合格后出料保存或灌装。

四、关键工艺控制点

1. 预处理

① 香精加入前使用增溶剂进行增溶后再加入。

② 纤长睫毛膏需要加入纤维前，使用如液体石蜡、硅油进行纤维表面包覆等，使其易于叠加并减少结团的风险。

③ 预分散色浆，将色料与分散油脂按合适的比例混合搅拌均匀，经三辊研磨机研磨均匀。

2. 关键原料的投料

① O/W 型产品的乳化温度应控制在 70~80℃，如果配方中有蜡，则乳化温度

应高于蜡的熔点。

② 成膜剂添加的温度应控制在45℃以下，添加后的搅拌时间不宜过长，搅拌均匀，温度降至适当温度即可出锅。

③ 纤维素型睫毛膏，添加纤维素时应用多元醇预溶解后再加入，防止结团或长时间分散，造成的水分挥发，冷却后睫毛膏整体变稠。

④ 睫毛膏水相和油相均质之前，需要检查水相物料是否完全溶解、无气泡等，油相需要检查是否有沉淀物或杂质，以及未溶化的蜡的颗粒等。

⑤ 睫毛膏水相调制前，应考虑水分挥发的情况，一般根据整个工艺流程的时间，可多加入2%～3%的水量，根据样品乳化时间测试挥发失水量来进行补水，更加准确。

3. 中间过程控制

① 水包油型产品将油相原料缓慢加入水相，而油包水型产品则相反。均需采用均质机高速均质直至均匀，过程的控制非常重要，不同的乳化温度、乳化时间、乳化速率可以使膏体呈现不同的外观和质感。

② 降温过程中，应注意冷却水的使用，有条件的，应将降温速率控制在1℃/min，降温速率过慢或过快，都会使膏体表面凝结成团或因表面水分挥发而变干。

③ 乳化完成后，不应较长时间放置，睫毛膏容易在乳化锅顶部形成蒸汽水滴，当均质锅开启，出料时，蒸汽水滴会滴入料体中，造成灌装时产生发白的现象。

④ 膏体打包过程，应使用高温袋装，并使用双层保护，防止微生物污染或因保护不良而造成的挥发。

4. 出料控制

为避免料体带入气泡，一般需进行脱泡处理，消除气泡或真空脱泡后再进行灌装，可以防止出现气泡，影响膏体外观。所以灌装前及过程中保温低速搅拌很重要。搅拌桨应尽可能靠近锅底，一般采用锚式搅拌桨，以防止颜料下沉。同时搅拌速率要慢，以免混入空气。

5. 储存

乳化型睫毛膏在存放过程中易挥发，因此不宜以膏体的形式敞开式非密封存放，如存放环境或容器不能保证膏体密封，很容易导致膏体中的挥发性物质挥发而影响其性状和功效。

6. 灌装

① 灌装嘴的位置需要尽可能接近睫毛膏管底部，以减少料体下落产生的气泡，控制灌装速率很重要。

② 睫毛膏一次灌装的总灌装量最好控制在一定的数量范围，以4h内灌装完毕为宜，否则保温（＞40℃）时间过久，香味、功效物容易挥发或变质。另外睫毛膏因膏体比较稠，灌装比较容易出现连续性灌装，容易出现空瓶状况，需要注意

对灌装的单只产品进行单独称重。

③ 注意微生物污染，整个灌装过程中，所有人员需要戴手套，每 2h 进行手部消毒，以免微生物在灌装过程中污染料体。

④ 灌装过程中，要注意灌装空间的洁净度，因为睫毛膏用于眼部，细菌数量不得大于 500CFU/g，相对严格，故应该在洁净度空间为 10 万级别车间进行灌装。

⑤ 灌装过程中，要注意灌装产品的洁净度，睫毛膏大多数为黑色料体，睫毛膏管大多为黑色管材，料体粘料或污染管材，检验时不容易发现，会影响销售，引起消费者投诉。

7. 包装

包装过程中，睫毛膏的管材密封性需要再次验证，需要模拟消费者使用，直接在睫毛上使用，看是否有刺激性，观察外观颜色变化、膏体细腻程度，刷染时是否附着均匀、不会结块和粘连，进行抗水性测试、稳定性测试等。

五、常见质量问题及其原因分析

1. 乳化型睫毛膏在低温环境存放一段时间后膏体变硬、变干

主要原因为：

① 包材密封性不好，或包材的材质不合适，膏体挥发，造成失重。

② 在制造过程中乳化不完全，或蜡剂析出，导致膏体部分结团。

睫毛膏产品因其使用特点，要求有适度的快干性，故水相黏合剂、溶剂的用量需要严格控制，黏合剂和润肤剂的量少，快干性相对更好，但不易上妆，容易出现在睫毛上起颗粒、"苍蝇腿"等现象；量多，则干的时间长，睫毛容易粘连、下塌。同时可考虑添加合适的挥发性的溶剂或润肤剂，如乙醇、异十二烷等原料，增加其快干性，达到目标要求。

2. 膏体粗糙，有颗粒

主要原因为：生产过程中乳化不完全，或降温速率过快、过急。

不能选择硬度过高的蜡类或高级脂肪酸作为增稠剂，这样容易出现配制时膏体乳化不完全，膏体存放一段时间后易结团，消费者使用上妆时会产生诸如颗粒、"苍蝇腿"等问题。

3. 膏体放置一段时间后产生白色絮状物

主要原因为：成膜剂选择不适当，或蜡析出。

① 乳化效果不好，分层出水，稠度大，结团，有色素点，成膜效果不好。

② 选择蜡的时候需要考虑其与配方中其他油脂的相容性。成膜剂要避免选择那些在低温凝结后恢复到室温状态时无法恢复原样的。

4. 乳化型睫毛膏存放挥发

不宜以膏体的形式敞开式非密封存放，如存放环境或容器不能保证膏体密封，

很容易导致膏体挥发性物质挥发而影响性状和功效。

5. 纤维型加长睫毛膏纤维结团分散不均匀

对于叠加纤维的睫毛膏产品，叠加型纤维时需要控制纤维的长度与直径。直径过长或太小的纤维容易在存放时打结，无法上妆。纤维最好做表面预处理，在纤维表面包覆如液体石蜡、硅油等，使其易于叠加并减少结团的风险。

6. 卷翘效果，延展性不理想

主要原因为乳化剂剂型的影响。

配制 W/O 型睫毛膏需要选择 HLB 值较低的非离子乳化剂，增加配方的固形效果；而配制 O/W 型睫毛膏则可选用 HLB 值较高的表面活性剂使配方延展性增加。

第四节　化妆笔类

化妆笔类产品有非自动型笔（木杆笔）和自动型笔（推管型、塑壳包材）两类。笔芯的剂型有固体和液体两大类。非自动型笔（木杆笔）与铅笔类似，是将圆条笔芯黏合在木杆中，用刀片、笔刨将笔尖削尖后使用。固体笔芯应软硬适中，容易描画，不易折断，使用舒适、安全，不产生刺痛，不刺激皮肤。液体笔芯有直饮式与棉芯式两种，优质的液体笔芯应出水流畅，不漏液，正常使用不堵塞，使用舒适、安全，不产生刺痛，不刺激皮肤。自动型化妆笔是将笔芯装在细长的金属或塑料管内，使用时通过旋转或按压的方式将笔尖推出即可。笔头形状多样化，有三角形、刀锋形、一字形、圆形等。

一、配方组成

固体笔芯的化妆笔是由各种油、脂、蜡、粉类原料与颜料配制，经过研磨挤压，由成型或其他方式制成的，用于眉、眼、唇部的化妆品。

固体笔芯的配方组成包括：蜡剂、润肤剂、填充剂、成膜剂、着色剂、珠光剂、乳化剂、芳香剂、皮肤调理剂、防腐剂、抗氧化剂等，部分乳化类产品还会添加乳化剂。基本配方见表 7-14。

表 7-14　化妆笔（固体笔芯）的配方组成

组分	常用原料	用量/%
蜡剂	地蜡、纯地蜡、聚乙烯蜡、合成蜡、微晶蜡、蜂蜡、白峰蜡、小烛树蜡、巴西棕榈蜡	15～30
润肤剂	肉豆蔻酸异丙酯、氢化聚癸烯、棕榈酸乙酸己酯、月桂酸己酯、十三烷醇偏苯三酸酯、白油、凡士林、羊毛脂衍生物、植物油脂、二异硬脂酸苹果酸酯、矿脂、羊毛脂、可可脂、氢化聚异丁烯	40～80

组分	常用原料	用量/%
填充剂	尼龙-12、司拉氯铵水辉石、硅石、硼硅酸钙、氮化硼、氢氧化铝、氧化铝、滑石粉、云母	0～2
成膜剂	VP/十六碳烯共聚物、环五聚二甲基硅氧烷/三甲基硅烷氧基硅酸酯、三甲基硅烷氧基硅酸酯、氢化聚戊二烯	1～5
着色剂	CI 15850、CI 77891、CI 77007、CI 45380、CI 45410、CI 77491、CI 77492、CI 77499、CI 77718、CI 15985	5～15
珠光剂	天然云母、氧化锡氧化铁类、合成氟金云母	0～10
乳化剂	山梨坦倍半油酸酯、硬脂醇聚醚-2、山梨坦三硬脂酸酯、聚山梨醇酯-80	1～5
芳香剂	按照产品需求添加	0～0.2
皮肤调理剂	生育酚乙酸酯、透明质酸钠、抗坏血酸棕榈酸酯、神经酰胺、泛醇、氨基酸	0～2
防腐剂	羟苯甲酯、羟苯丙酯、羟苯丁酯	0.01～0.1
抗氧化剂	丁羟茴醚（BHA）、丁羟甲苯（BHT）、季戊四醇四（双-叔丁基羟基氢化肉桂酸）酯	0.01～0.1

二、典型配方与制备工艺

1. 铅笔式眉笔笔芯（挤压型）

（1）典型配方　铅笔式眉笔笔芯（挤压型）的典型配方见表 7-15。

表 7-15　铅笔式眉笔笔芯（挤压型）的典型配方

组相	原料名称	用量/%	作用
A	巴西棕榈蜡	5.0	增稠
	蜂蜡	15.0	增稠
	地蜡	4.0	增稠
	小烛树蜡	6.0	增稠
	矿油	3.0	润肤
	矿脂	20	润肤
B	滑石粉	加至 100	填充
C	CI 77891	5.0	赋色
	氧化铁红/黄/黑	适量	赋色
D	抗氧剂	适量	抗氧化
	防腐剂	适量	防腐

（2）制备工艺

① 将氧化铁红、氧化铁黄、氧化铁黑、滑石粉、钛白粉用混合机充分混合（粉体）。

② 再用白油、凡士林与粉体碾磨均匀。

③ 将其他成分混合加热溶解后，加入碾磨均匀的料体中，充分混合。

④ 做成芯，夹到木杆中，制成眉笔（木杆笔）。

2. 铅笔式眉笔笔芯（浇制型）

（1）典型配方　铅笔式眉笔笔芯（浇制型）的典型配方见表7-16。

表 7-16　铅笔式眉笔笔芯（浇制型）的典型配方

组相	原料名称	用量/%	作用
A	氢化聚癸烯	21.7	润肤
	棕榈酸乙基己酯（2EHP）	15.0	润肤
	蜂蜡	10.0	增稠
	聚甘油-3 二异硬脂酸酯	8.0	润肤
	硬脂酸	8.0	增稠
	聚乙烯蜡	5.0	增稠
	小烛树蜡	5.0	增稠
B	云母	加至100	填充
C	氧化铁系列	适量	赋色
	CI 77891	18.1	赋色
D	苯氧乙醇	0.3	防腐
	生育酚乙酸酯	0.2	润肤

（2）制备工艺

① 将 C 相用打粉机进行搅拌分散均匀。

② 将 B 相加入 C 相搅拌均匀。

③ 将 A 相和混合 B、C 相混合搅拌均匀，用碾磨机进行碾磨分散。

④ 再将 A、B、C 相混合物放入熔料锅中加热溶解。

⑤ 将 D 相加入碾磨均匀的 A、B、C 相里，搅拌均匀后浇入模子里制成笔芯。

3. 自动眉笔（浇制型）

（1）典型配方　自动眉笔（浇制型）的典型配方见表7-17。

表 7-17　自动眉笔（浇制型）的典型配方

组相	原料名称	用量/%	作用
A	石蜡	加至 100	增稠
	矿脂	10.0	润肤
	羊毛脂	10.0	润肤
	蜂蜡	18.0	增稠
	野漆果蜡	5.0	增稠
	矿油	3.0	润肤
	可可籽脂	7.0	增稠
B	滑石粉	10.0	填充
	氧化铁红/黄/黑	适量	着色
C	苯氧乙醇	适量	防腐

（2）制备工艺

① 将颜料和适量矿脂、矿油在三辊研磨机中研磨均匀，得到颜料浆。

② 将配方中其余的油、脂、蜡在锅内加热熔化。

③ 加入颜料浆，搅拌均匀后浇入模子，制成笔芯。

三、生产工艺

1. 生产工艺的分类

根据成型方法的不同，化妆笔可以分为挤压成型法和浇制法。

（1）挤压成型法　挤压型配方固体含量高，在高温下也很稠厚。高颜料含量，低油类含量，颜料不易被润湿，故一般不进行研磨。可将全部油脂和蜡类混合熔化后，加入颜料，搅拌 3～4h，搅拌均匀后，倒入盘内冷凝，切成薄片，经研磨机研轧两次，再经压条机压制成笔芯，并黏合在两块半圆形木条的中间，呈铅笔状。

（2）浇制法　先将颜料、油脂在三辊研磨机中研磨均匀，得到颜料浆待用，将其余部分的油脂蜡在锅内加热熔化，再加入上述研磨好的颜料浆，搅拌均匀，浇入模子里制成笔芯。

热熔法和压条机制成的笔芯，软硬度有所不同。热熔法是脂、蜡的自然结晶，而压条机则是将自然结晶的笔芯粉碎后再压制成形的。因此，压条机注出的笔芯较软且韧，但在放置一段时间后，也会逐渐变硬。

图 7-8 为化妆笔类工艺简图。

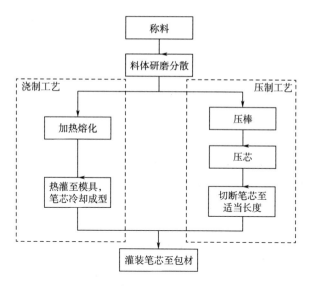

图 7-8 化妆笔类工艺流程图

2. 生产工艺

在化妆品类产品工艺中，用到了熔料搅拌锅、粉碎机、碾磨机等，物料经过了混合、碾磨、高温溶解、浇灌、压制等过程。具体工艺如下：

① 将粉体填充剂和着色剂（色粉）用粉碎机混合均匀，制备成粉相。

② 取部分油脂、防腐剂与粉相进行混合碾磨分散均匀，得到粉浆。

③ 将剩余的油脂、成膜剂、乳化剂及蜡加入熔料锅高温溶解均匀后，再加入碾磨分散好的粉浆，搅拌分散。

④ 将珠光颜料投入搅拌锅中进行分散。

⑤ 浇灌工艺配方，将溶解好的料体热灌装到模具中，笔芯冷却成型拔模；压制工艺配方，通过设备压制成为棒状、条状或其他形状的成芯，将长条的笔芯切断成适合长度。最终，装入包材中。

⑥ 待冷却后灌装检验颜色、物理指标、肤感，符合标准后出料按要求入库保存。

四、关键工艺控制点

1. 预处理

① 色浆的预处理。预分散色浆，将色料与分散油脂按合适的比例混合搅拌均匀，经三辊研磨机研磨均匀。注意色浆的细度和分散性，这些会直接影响化妆品涂抹的顺滑感和使用感。

② 成膜剂的预处理。有些成膜剂是颗粒状态，硅树脂成膜剂需要使用轻质的油脂进行预溶解处理。

2. 关键生产程序

① 准备工作。配料前先按配方领取所需的合格原料，经核对其质量和数量均无误后方可配料。称料前校正天平。检查所用设备是否正常，符合使用要求，是否已清洗干净，并确保无水。

② 制备色浆。在不锈钢混合机内加入颜料，再加入适量用于分散色料的油，搅拌并充分湿润后，过三辊机研磨。为尽量使聚结成团的颜料碾碎，需反复研磨数次并达到要求的细度（一般要求色浆颗粒直径≤12μm）。

③ 将油脂、蜡类加入原料熔化锅，加热至85℃左右，熔化并充分搅拌均匀。

④ 将色浆加入原料熔化锅，搅拌至均匀，此时应尽量避免在搅拌时带入空气。必要时可进行真空消泡，否则浇成的化妆笔表面会带有气孔，影响外观质量，也会直接影响化妆品的折断力等。

⑤ 抽样送品管部检测化妆笔涂抹感及颜色，并按要求调色。

⑥ 通过检测后依次添加防腐剂、功效原料、香精。

⑦ 过滤出料，防止灌装过程中出现颗粒堵塞设备，因为化妆笔类设备孔径比较小。

3. 中间过程控制

眉笔的制作工艺有挤压工艺及浇制工艺两种。不同的制作工艺，配方也不同。挤压工艺的配方，料体需要有一定的硬度（熔点高的成分，如蜡的比例相对较高），使挤压出来的笔芯容易成型。而浇制工艺的配方，通常需要流动性比较好的料体。因为笔芯细，模具窄小，尽管是加压灌注，但料体流动性差也会导致笔芯缺料，出现气泡，造成笔芯断裂。

同一个配方如果能满足压制和浇制两种操作条件，则两种制作工艺均可选择。相同的配方用挤压工艺制出的笔芯，相对于浇制工艺，肤感会较软，更易上色。浇制工艺是通过高温熔化后冷却成型，笔芯内部结构比较紧密，结晶结构比较稳定，相对于挤压成型的工艺，产品相对稳定，不容易折断。

4. 出料控制

出料过程中，因为色粉量和蜡量比较多，应尽量采用小批量出料，出料体的时候注意气泡和出料口，不要直接对准容器冲入式出料。

控制料体带入气泡，一般进行脱泡处理，化妆笔含色粉量较高，且多为黑色着色剂，需消除气泡或真空脱泡后再进行灌装，以防止气泡出现，避免影响膏体外观。所以灌装前及过程中保温低速搅拌很重要。搅拌桨应尽可能靠近锅底，一般采用锚式搅拌桨，以防止颜料下沉。同时搅拌速率要慢，以免混入空气。

5. 储存

化妆笔存放会挥发，故不宜以化妆笔半成品的形式敞开非密封存放，如存放环境或容器不能保证化妆笔半成品密封，很容易导致半成品中的挥发性物质挥发而影响产品性状和功效。

6. 灌装

与唇膏的金属模具灌装工艺相同。

7. 包装

包装过程中，化妆笔的管材密封性需要再次验证，需要模拟消费者使用，直接在睫毛上使用，检测是否有刺激性，观察外观颜色、膏体细腻程度、刷眉部或唇部时是否有杂物，以及有无外观出油、表面开裂现象，进行抗水性测试、稳定性测试等。

五、常见质量问题及其原因分析

1. 涂抹时有色素点及杂物

（1）原因分析　在制作工艺流程中搅拌分散不够。

（2）解决方法　延长搅拌时间或者重新过碾磨机分散。

2. 表面出油

（1）原因分析　油蜡粉的配方兼容性不好。

（2）解决方法　调整配方中油蜡的比例，选择油脂与蜡时注意彼此之间的相容性；调整配方中粉相的比例，或添加一些有助于吸油的粉类原料。

3. 表面开裂

（1）原因分析　灌装温度过高，冷却速率过快；配方中蜡的选择不当；配方中挥发性成分含量高，包材的密封性不够。

（2）解决方法　调整灌装工艺，尽可能降低灌装温度，控制好冷却时间；替换或减少配方中容易挥发的成分；调整软硬蜡的比例；改善包材的密封性。

4. 有色点、油点，分散不均匀

（1）原因分析　搅拌时间不够，分散不均匀。

（2）解决方法　延长搅拌时间。

5. 掉渣

（1）原因分析　眉刷的匹配性不够好；粉的贴肤性不够好，黏合剂不够多；化妆的手法不对。

（2）解决方法　尽可能选用匹配性好的眉刷，不要出粉太多，能贴合化妆的起粉要求就够了；适当增加黏合剂的比例；采用正确的上妆手法。

6. 笔芯断裂

（1）原因分析　黏合剂选择不当或用量过少；挤压或浇制过程混入气泡；消费者使用方法不当；如是自动笔也可能是包材结构的卡位与笔芯连接不牢。

（2）解决方法　调整眉笔配方，如添加稠度高的油脂；适当加大挤压笔类的压力；改良包材结构；正确使用眉笔。

7. 笔芯表面有颗粒，冒白

（1）原因分析　配方结构不稳定，导致蜡结晶析出。因化妆笔含蜡量较高，覆盖在表面薄薄的一层白雾在行业里是允许的，但严重起白色颗粒是不允许的。

（2）解决方法　调整配方的比例，适当增加粉相含量；适当添加一定比例的乳化剂来增强配方的兼容性。

8. 在40℃下存放24h后，化妆笔弯曲变形

（1）原因分析　配方中的各种硬蜡用量比例不够协调或巴西棕榈蜡、地蜡用量不够。

（2）解决方法　选用配伍合适的硬蜡，或适当增加巴西棕榈蜡、地蜡用量，或改包装。

9. 在0℃下存放24h，恢复室温后不易涂擦

（1）原因分析　配方中硬蜡用量过多，或者色粉、珠光剂的含量太多，使化妆笔质地带有硬性，不易涂擦。

（2）解决方法　适当增加液态油脂用量和降低硬蜡用量，减少色粉珠光剂的含量。

第八章　气雾剂单元化妆品的生产工艺

气雾剂产品定义为：将内容物密封盛装在装有阀门的容器内，容器容积不大于1L，使用时在推进剂的压力下内容物按预定形态释放的产品。这类产品以喷射的方式使用，喷出物可呈固态、液态或气态，喷出形状可分为雾状、泡沫状、粉末状等。

气雾剂种类较多，按内容物释出形态可分喷雾型、泡沫型、射流型、粉末型和膏体型；按功能可分为清洁类气雾剂、护发类气雾剂、护肤类气雾剂和修饰类气雾剂；按内容物类型可分为溶液型、乳液型、干粉型、气体型和混悬型。

近年来市场上兴起了二元包装囊阀气雾剂的热潮。二元包装囊阀气雾剂的定义为：将剂料盛装在囊阀的囊袋中，将推进剂填充在囊袋与罐体之间的间隙，剂料与推进剂互相隔离不相混合，使用时囊袋受推进剂的挤压将剂料按预定形态释放的气雾剂产品。

第一节　气雾剂类化妆品的构造

一、构成

气雾剂是由气雾罐、气雾阀、阀门促动器以及内容物（推进剂及剂料）构成，见图8-1。这些构成部分各成一系，形成了十分复杂的多元混合气雾剂系统。

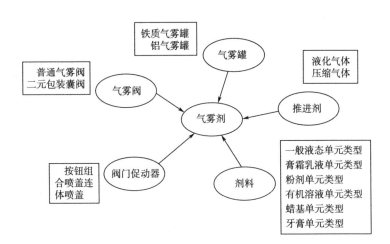

图 8-1　气雾剂系统

二、工作原理

气雾剂由于充填了作为推进剂的液化气体或（及）压缩气体，所以气雾包装容器内部的压力高于外部的环境大气压，故具有正压的内源动力系统。

当气雾阀不工作时，即处于其自然状态下，由于阀门系统关闭，所以内压力无法向外环境中传输，使得气雾包装容器内的压力处于平衡状态。当气雾阀工作时，按下阀门促动器，阀门系统打开，气雾包装容器内的内容物在内压力的作用下，通过压力通道运动至阀体内到达阀门促动器，最后从阀门促动器的喷嘴口处喷出。

① 当内容物是雾化体系时，内容物离开喷嘴时发生的雾化过程是多种因素综合作用的结果。

当内容物从喷嘴高速冲出时，与空气撞击粉碎成雾滴，若推进剂是液化气体时，包含在雾滴中的液相推进剂由于原先罐内施加的压力解除，立即汽化成气体状态。推进剂从液相转换到气相的形变力以及所释放出的能量进一步使雾滴二次粉碎，碎裂成许多更加微小的雾滴。整个过程都是在瞬间完成的。

若要寻求更好的雾化效果时，一般可在阀门促动器的压力通道上设计增压和漩涡式机械粉碎的装置，让内容物在阀门促动器压力通道时预先得到更好的碎化，以及让喷雾瞬间压强达到顶峰，喷出时空气带来的阻力越大，雾化更充分。整个过程都是在瞬间完成的。

② 当内容物是泡沫体系时，内容物在到达促动器喷腔时，包含在剂料中的液相推进剂由于原先罐内施加的压力解除，则会立即汽化。汽化过程中，促动器喷腔内的空气一并混合其中，从而产生了剂料薄壁包裹气体的"泡沫"。整个过程都是在瞬间完成的。

图 8-2 为气雾剂结构示意图。

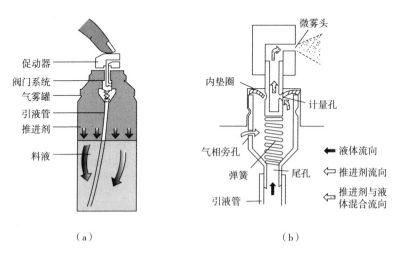

（a）　　　　　　　　　　　　（b）

图 8-2　气雾剂结构示意图

三、推进剂

推进剂是指气雾剂产品内使内容物通过阀门按预定形态释出的液化和（或）压缩气体。

推进剂按性质形态可分为液化气体和压缩气体两大类，其中液化气体包括氯氟烃类、氢氯氟烃类、氢氟烃类、氢氟烯烃类（HFO）、烃类化合物以及醚类化合物等。压缩气体主要包括二氧化碳、氧化亚氮以及氮气等。

推进剂亦称为抛射剂或气体，采用压力包装，所以在储存和使用方面要严格按照标准要求执行。氯氟烃类和氢氯氟烃类，存在破坏臭氧层问题，目前已基本被市场淘汰。

1. 氢氟烃

氢氟烃（Hydrofluorocarbon，简称 HFC），因不含氯原子，对臭氧层不起破坏作用，并无毒、无刺激性、无腐蚀性等。因此，目前主要作为氟利昂的替代物用作气雾剂推进剂。比较常用的氢氟烃类推进剂有 1,1,1,2-四氟乙烷（HFC-134a）、1,1,1,2,3,3,3-七氟丙烷（HFC-227ea）和 1,1-二氟乙烷（HFC-152a）三种推进剂的物理性质见表 8-1。但是，因其 GWP 值（全球变暖潜能值）较大，所以应用方面也面临着环保问题。

表 8-1　HFC-134a、HFC-227ea 与 HFC-152a 的物理性质

推进剂名称	HFC-134a	HFC-227ea	HFC-152a
分子量	102.0	170.03	66.05
沸点（1atm）/℃	−26.2	−16.5	−25.7
临界温度/℃	101.1	101.90	113.5
临界压力/kPa	4070	2952	4500
饱和蒸气压（25℃）/kPa	661.9	390	599
破坏臭氧潜能值（ODP）	0	0	0
全球变暖潜能值（GWP，100yr）	1430	3220	124
ASHRAE 安全级别	A1（无毒不可燃）	A1（无毒不可燃）	A2（无毒可燃）

2. 氢氟烯烃

氢氟烯烃（Hydrofluoroolefins，简称 HFO）意为碳氢氟组成的烯烃。因为是烯烃，所以一般寿命更短，危害更小。2008 年，美国霍尼韦尔公司和杜邦公司联合推出了两款新型环保的氢氟烯烃类推进剂——1,3,3,3-四氟丙烯（HFO-1234ze）和 2,3,3,3-四氟丙烯（HFO-1234yf），两种氢氟烯烃类推进剂的物理性质见表 8-2。

表 8-2 HFO-1234ze 与 HFO-1234yf 的物理性质

推进剂名称	HFO-1234ze	HFO-1234yf
分子量	114	72.58
沸点（1atm）/℃	−19	−29
破坏臭氧潜能值（ODP）	0	0
全球变暖潜能值（GWP，100 yr）	<1	<1
在大气中寿命/天	14	11
ASHRAE 安全级别	A2L（无毒可燃）	A2L（无毒可燃）

1,3,3,3-四氟丙烯（HFO-1234ze）对 1,1-二氟乙烷（HFC-152a）有较好的替代性，但经济性欠佳。

3. 烃类化合物

烃类推进剂（Hydrocarbon Aerosol Propellants，简称 HAPs），是从液化石油气中（Liquefied Petroleum Gas，简称 LPG）经过高纯度精馏提纯而得的气雾剂级的乙烷、丙烷、正丁烷、异丁烷、异戊烷及它们的混合物的总称，其物理性质见表 8-3。除灭火剂外，烃类化合物几乎可以应用在各种气雾剂产品中。其中丙烷、异丁烷可以单独使用，乙烷、正丁烷、异戊烷一般不单独使用，大都是丙烷与异丁烷、丙烷与异丁烷和正丁烷混合使用。

表 8-3 HAPs 的物理性质

推进剂名称	乙烷	丙烷	异丁烷	正丁烷	异戊烷
分子量	44.09	58.12	58.12	72.15	58.12
沸点（1atm）/℃	−88.6	−42.05	−11.72	−0.5	27.8
临界温度/℃	32.3	96.8	134.9	152	187.8
临界压力/kPa	4875.3	4247.9	3641.1	3792.8	2951.6
蒸气压/kPa	3743.8	753.6	214.4	116.7	−24.13
水在推进剂中的溶解度	0.031	0.0168	0.0088	0.0075	0.0063

液化石油气作为推进剂的优点是可以通过调整丙丁烷的比例来获得较大范围的压力值，以满足不同的配方需要。

需要特别注意的是，由于《化妆品安全技术规范》（2015 年版）规定了丁二烯为限量物质，所以烃类化合物作为推进剂应用于化妆品气雾剂时，其杂量中的丁二烯含量（质量分数）必须不大于 0.1%。

4. 醚类化合物

二甲醚（Methyl Ether，简称 DME）是醚类化合物中分子最小的化合物，又称甲醚，其物理性质见表 8-4。二甲醚在常温常压下是一种无色气体或压缩液体，具有轻微醚香味。相对密度（20℃）0.666g/mL，熔点−141.5℃，沸点−24.9℃，室温下蒸气压约为 0.5MPa，与液化石油气（LPG）相似。溶于水及醇、乙醚、丙酮、氯仿等多种有机溶剂。由于其具有易压缩、冷凝、汽化及与许多极性或非极性溶剂互溶特性，广泛用于气雾制品喷射剂、氟利昂替代制冷剂、溶剂等。由于其良好的水溶性、油溶性，使得其应用范围大大优于丙烷、丁烷等石油化学品。如高纯度的二甲醚可代替氟利昂用作气雾剂推进剂，减少对大气环境的污染和臭氧层的破坏，被国际上誉为第四代推进剂。

表 8-4　二甲醚的物理性质

推进剂名称	二甲醚	推进剂名称	二甲醚
分子量	46.07	自燃温度/℃	235
蒸气压（20℃）/MPa	0.51	液体密度（20℃）/(kg/L)	0.67
熔点/℃	−138.5	爆炸极限（体积分数）/%	空气 3~17
气体燃烧热/(MJ/kg)	28.8	蒸气密度/(kg/m³)	1.61
沸点/℃	−24.9	闪点/℃	−41
蒸发热（−20℃）/(kJ/kg)	410	全球变暖潜能值（GWP，100 yr）	<15
临界温度/℃	127		

5. 压缩气体

压缩气体，是指在−50℃下加压时完全是气态的气体，包括临界温度≤−50℃的气体。可以作为气雾剂推进剂的压缩气体主要包括二氧化碳、氧化亚氮、氮气、氩气等。最常见的压缩气体是二氧化碳和氮气。

① 氮气依据 GB/T 8979—2008《纯氮、高纯氮和超纯氮》。

② 二氧化碳依据 GB/T 6052—2011《工业液体二氧化碳》。

6. 推进剂选型

化妆品类别的气雾剂，其推进剂的选型应首先考虑是否在《已使用化妆品原料目录》（2021 年版）中或是否是新原料，不符的不能选用。表 8-5 为现收录在《已使用化妆品原料目录》（2021 年版）和新原料中的推进剂名称参照表，表 8-6 为《已使用化妆品原料目录》（2021 年版）中推进剂信息表。所以 HFC-134a（R134a）暂不能应用在化妆品产品中。同时，一氧化二氮因其具有一定的麻醉性，目前也较少应用于化妆品类别的气雾剂中。乙烷因蒸气压太高，是不能单独作为推进剂应用的，一般是复配其他烷烃或者不予应用。

表 8-5　《已使用化妆品原料目录》（2021 年版）和新原料中推进剂名称参照表

化学名	别名	中文名称	INCI 名称/英文名称
1,1-二氟乙烷	HFC-152a、R152a	氢氟碳 152A	HYDROFLUOROCARBON 152A
二甲醚	DME	二甲醚	DIMETHYL ETHER
丙烷	C_3 烷烃	丙烷	PROPANE
正丁烷	C_4 直链烷烃	丁烷	BUTANE
异丁烷	C_4 支链烷烃	异丁烷	ISOBUTANE
二氧化碳	CO_2	二氧化碳	CARBON DIOXIDE
氮气	N_2	氮	NITROGEN
一氧化二氮	氧化亚氮、笑气	一氧化二氮	NITROUS OXIDE
乙烷	C_2 烷烃	乙烷	ETHANE
异戊烷	C_5 支链烷烃	异戊烷	ISOPENTANE
反式-1,3,3,3-四氟-1-丙烯	HFO-1234ze	四氟丙烯	trans-1,3,3,3-Tetrafluoroprop-1-ene

表 8-6　《已使用化妆品原料目录》（2021 年版）中推进剂信息参照表

推进剂名称	DME	LPG	HFC-152a	二氧化碳	氮气
分子式	C_2H_6O	C_3H_8/C_4H_{10}	CH_3CHF_2	CO_2	N_2
分子量	46.07	44.10/58.12	66.05	44.01	28
沸点/℃	−23.7	−42~0	−24.7	−78.5	−195.8
蒸气压/MPa	0.533 (20℃)	0.107-0.73 (20℃)	0.6003 (25℃)	5.82 (21.1℃)	1.026 (21.1℃)
爆炸极限（体积分数）/%	3.4~18.6	1.8~10	3.9~16.9	不可燃	不可燃
可燃性	易燃	易燃	易燃		
GWP	3~5	8	120	1	0
ODP	0	0	0	0	0
VOC	属于	属于	不属于	不属于	不属于

注：HFC-134a 目前不在《已使用化妆品原料目录》（2021 年版）中，但在中国药典中可用于吸入式哮喘气雾剂的推进剂。HFO-1234ze 目前不在《已使用化妆品原料目录》（2021 年版）中，但已经是 2021 年 005 号新原料（四氟丙烯）。

　　推进剂的选型，其次要考虑其与剂料的配伍相容性，才能使内容物按照预定的状态喷出。所以需要根据剂料特性和产品设计要求，选择推进剂体系。推进剂可以是单一气体，也可以是几种气体组成的混合物（包括共沸混合物）。推进剂的选型必须考虑安全性、环保性以及经济性等。

保湿喷雾类产品一般采用氮气作为推进剂；发胶类产品一般采用二甲醚或丙丁烷共沸气体作为推进剂，如果考虑挥发性有机物（VOCs）问题则会复配 HFC-152a（R152a）作为推进剂；防晒喷雾类产品一般采用丙丁烷共沸气体作为推进剂；泡沫类产品一般采用丙丁烷共沸气体，如果要更高光泽度和奶油感则会复配二氧化碳或 HFO-1234ze 作为推进剂。

四、气雾罐

气雾罐是指用以盛装气雾剂内容物的一次性使用的容器。

1. 气雾罐分类

（1）按气雾罐的结构分

① 单罐式：一片罐、二片罐、三片罐。

② 双室复合式：是指由两个大小罐、双室罐，或罐与塑料袋（套）相互套装组合而成的复合式容器。

（2）按气雾罐的材质分　按气雾罐的材质可以分为马口铁气雾罐、铝气雾罐、塑料气雾罐和玻璃气雾罐。

绝大多数气雾罐都是马口铁气雾罐和铝气雾罐，铝气雾罐都是一片罐，马口铁气雾罐以三片罐最为常见，少部分是两片罐，塑料气雾罐未来会有很好的前景，但目前仅在欧洲有极少的产品上市，在中国还没有具体应用。马口铁气雾罐一般应用在杀虫气雾剂、油漆及工业气雾剂、家用气雾剂等产品，化妆品气雾剂最常见的气雾罐是铝气雾罐。

2. 气雾罐结构

（1）三片罐（马口铁气雾罐）　是指由罐身、顶盖、底盖组成的气雾罐。

（2）两片罐（马口铁气雾罐）　是指罐身和罐底成一整体（无焊缝、无拼接缝）、与罐顶组成的气雾罐，或者罐身和罐顶成一整体（无焊缝、无拼接缝）、与罐底组成的气雾罐。

（3）一片罐（铝气雾罐）　是指罐顶、罐身及罐底成一整体的气雾罐，无焊缝、无拼接缝。通常金属一片罐是指铝气雾罐。

3. 气雾罐要求

（1）容量要求　随着气雾剂行业的发展，气雾剂容器的容量已与其主要尺寸一起形成系列化与标准化。对不同材质的容器有一个限量规定。按 EEC 的规定，金属罐的容量在 50～1000mL，有塑料涂层或有其他永久性保护层的玻璃容器的容量在 50～220mL，而易碎玻璃及塑料容器的容量在 50～150mL，超过最大容量规定的容器是不准生产销售的。日本规定，玻璃容器的最大容量为 150mL，否则就应采取其他保护措施（如塑料涂覆）。美国按 ORM-D 规定，气雾剂金属容器的最大容量不得超过 819mL。

对罐容量的测定目前至少有三种方法。第一种方法是英国及欧洲大多将 4℃ 水灌到顶部，量出满容量，因为 4℃ 水的质量和体积相等，称重就可算出容量，由气泡引起的误差较小。第二种方法是测定净容量，此时阀门在位，装水后阀门封口，使多余的水挤出，擦干顶盖后再称重，其误差在 0.5mL 之内，这是由于阀门或（及）引液管的误差造成的。第三种方法是 CMI 研究，在此不作叙述。

（2）耐压要求　气雾剂容器必须能承受气雾剂产品在工作条件下及一般异常条件下的耐压要求。一般应满足以下几个指标：

① 变形压力，容器各个部位不会产生变形。

② 爆破压力，容器不会发生爆裂或连接处脱开。

③ 泄漏压力≥0.80MPa。

部分国家或地区对气雾罐的耐压要求见表 8-7。

表 8-7　部分国家或地区对气雾罐的耐压要求　　　　单位：MPa

国家/地区	级别 1		级别 2		级别 3	
	变形压力	爆破压力	变形压力	爆破压力	变形压力	爆破压力
中国大陆	1.2（普通罐）	1.4（普通罐）	1.8（高压罐）	2.0（高压罐）	—	—
中国台湾地区	1.281	1.481	—	—	—	—
美国	0.9668（2N）	1.449（2N）	1.104（2P）	1.656（2P）	1.2422（2Q）	1.863（2Q）
日本	与美国的相同					
欧洲	1.20（一级）	1.44（一级）	1.50（二级）	1.80（二级）	1.80（三级）	2.16（三级）

（3）耐蚀要求　气雾罐内壁与常用气雾剂内容物，包括推进剂、溶剂、有效成分及其他组成物相互不会发生反应，不会因发生腐蚀而造成渗漏。当然锡元素本身比较惰性，因此它对油基型内容物尚可承受。但对水基型及含氯溶剂量较多的配方，就不能承受，所以往往需要在内壁涂以环氧酚醛树脂或乙烯保护层。涂层的选择及厚度，必须与配方相匹配，通过试验最后确定。对铝罐，其内涂层电导读数不应大于 5mA。

一般来说，对于铝罐，采用二甲醚作为推进剂或者使用具有较强溶解力的溶剂，需选用聚亚酰胺树脂作为涂层；若内容物是强酸或者强碱，需选用耐强酸或耐强碱的树脂作为涂层。对于铁罐，如果是强酸或者强碱，不宜采用树脂涂层。但不管是否有涂层，或者是什么材料的涂层，都应进行稳定性测试。

（4）密封要求　从气雾罐的标准来说，应满足当对容器加内压力时，容器各处不应有渗漏现象。对气雾剂成品来说，在一般情况下应满足其泄漏量不超过 2g 的要求（指使用液化气类推进剂的产品，压缩气体类推进剂的产品失压不应超过 0.1MPa）。这样，对三片罐来说，在顶盖与罐身双缝搭接处，就需加衬密封材料。密封材料的品种及形式，也应在选用时认真考虑，严格说来应通过试验后确定。

（5）硬度要求　气雾罐要具有一定的机械强度，如在压力下将阀门固定盖封装在罐口卷边上时，卷边及罐其他部位不应有变形现象出现。气雾罐各部位在碰到一般性撞击时，不会产生变形。气雾罐材料应具有一定的强度。标准规定金属罐硬度值（HRC）为 48～68。

（6）尺寸精度要求　气雾罐卷边口直径、平整度、圆度、与罐底的平行度、罐体高度以及罐上部分阀门的接触高度等都有严格的要求，这是使它与阀门封口后获得良好密封性能和牢固度的保证。

（7）材质要求　马口铁罐用的镀锡薄钢板，目前中国的产品尚达不到要求，还需从国外进口。以美国 25E°FP 为例，指将 1/41b（114g）锡涂盖 112 张 14in×20in（356mm×508mm）面积，相当于 20.25m² 的标准钢板上后构成的材料（镀锡量合 5.6g/m²）。铝罐用的材料，其纯铝含量应达 99.5% 以上。

（8）外观要求　气雾罐的外表应光整、无锈斑，不应有凹痕及明显划伤痕迹。结合处不应有裂纹、折皱及变形。罐身焊缝应平整、均匀、清晰，罐身图案及文字应印刷清楚、色泽鲜艳、套印准确，不应有错位。

（9）高度关注物质的要求　气雾罐的内涂属于高分子材料，其所含的杂质中，可能包括高度关注物质，例如双酚 A。这些杂质可能会迁移到产品剂料中，从而导致产品高度关注物质超标，引起产品质量安全事故。目前欧洲对化妆品气雾剂的双酚 A 迁移问题非常重视，对气雾罐和气雾阀中的双酚 A 杂质含量有严格要求。

4. 气雾罐的相关检测

（1）外观质量检测

① 按容器质量标准目测。

② 对漆膜光泽度按 QB/T 1877—2007《包装装潢镀锡（铬）薄钢板印刷品》规定的方法进行。

③ 对漆膜附着力按 GB/T 1720—2020《漆膜划圈试验》规定的方法进行。

④ 对漆膜冲击强度按 GB/T 1732—2020《漆膜耐冲击测定法》规定的方法进行。

（2）泄漏检测

（3）变形与爆破压力检验

（4）铝罐内涂层电导测定

（5）容器卷边罐口与罐底平行度的测定

5. 气雾罐的规格

以 25.4mm 口径气雾罐为例，表 8-8 供参考。

表 8-8　25.4mm 口径气雾罐规格

气雾罐	直径	肩形与形状
铝气雾罐	$\phi35$、$\phi38$、$\phi40$、$\phi45$、$\phi50$、$\phi53$、$\phi55$、$\phi59$、$\phi66$	圆肩、斜肩、拱肩、台阶肩等、异形罐
铁质气雾罐	$\phi45$、$\phi49$、$\phi52$、$\phi57$、$\phi60$、$\phi65$	缩颈罐、直身罐

五、气雾阀

气雾阀是指安装在气雾罐上的一种装置，促动时使内容物以预定的形态释放出来。

1. 气雾阀分类

① 按喷雾量分为非定量型气雾阀和定量型气雾阀。

② 按促动方式分为按压型气雾阀和侧推型气雾阀。

③ 按气雾阀结构分为雄型气雾阀和雌型气雾阀。

④ 按固定盖基材分为钢质固定盖气雾阀和铝质固定盖气雾阀。

⑤ 按使用方向分为正向型气雾阀、倒向型气雾阀、正-倒向型气雾阀和 $360°$ 型气雾阀。

⑥ 按设计生产公司不同分为精密系列气雾阀、Lindal 系列气雾阀和 Coster 系列气雾阀。

⑦ 按气雾剂产品领域分为工业系列气雾阀、日化系列气雾阀、食品系列气雾阀和医药系列气雾阀。

2. 气雾阀类型及其特点

（1）直立型阀门　直立型阀门如图 8-3 所示，均以直立方式使用，生产技术成熟，产品性价比高，适用性强，适用领域广。它适配阀杆固定型、固定盖固定型及气雾罐固定型促动器使用，主要应用于空气清新剂、药用气雾剂、保湿水、皮革护理剂、杀虫剂、汽车用品、工业用品、个人护理用品等，应用非常广泛。

（2）倒置型阀门　倒置型阀门均以倒置方式使用，是直立型阀门的倒立应用方式。

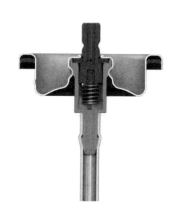

图 8-3　直立型气雾阀结构

倒置型阀门一般是将直立型阀门的引液管去除或者是阀室改为槽室结构。它适用于固定盖固定型、倒置型促动器使用，主要应用于身体乳、发用摩丝、鞋内除臭杀菌喷雾、道路标记、地毯香波、杀尘螨剂、PU气雾剂等。

（3）正-倒型阀门　正-倒型阀门如图8-4所示，以直立或倒置方式均能正常使用。其原理是直立时封闭珠往引管方向落下，堵塞顶部通道，内容物从底部向上再往外输送；而在倒置时封闭珠往阀杆方向落下，打开顶部通道，内容物从顶部直接往外输送。主要应用于汽车清洁剂、二氧化碳型气雾剂、压缩空气型气雾剂、身体乳、坑道标记剂、润滑剂、庭园杀虫剂、化清剂、防锈剂等。

（4）粉末阀门　粉末阀门一般直立使用。粉末阀门阀杆限流孔位置比常规阀杆限流孔位置高，加长按压行程及减小内垫圈尺寸，有利于刮走阀杆上的粉末及防止粉末堵塞。粉末阀门阀杆限流孔大小比常规阀杆限流孔大，加大引液管内径及阀室尾孔孔径，有利于强气流带走释放系统通道里的粉末及防止粉末堵塞。主要应用于止汗剂、发彩、指甲油、除油剂、除螨剂、治疗性粉末产品、缝隙探测剂等。

图8-4　正-倒型气雾阀结构

（5）斜推型阀门　斜推型阀门适配水平斜推促动器使用。它适用于向水平表面喷雾，主要应用于熨烫、预洗产品领域。

（6）黏稠产品阀门　黏稠产品阀门如图8-5所示，是单片阀杆与橡胶密封圈配以大孔径设计。主要应用于聚氨酯泡沫、堵缝剂、奶酪、奶油浇头、蛋糕酥皮。

（7）定量阀门　定量阀门如图8-6所示，与普通阀门最大的不同在于定量阀门通过阀杆和阀体的特殊设计控制，每次按压阀门的喷出量大小都是固定的。定量阀门处于

图8-5　黏稠产品阀门结构

静止的状态下，定量室与气雾剂内环境是相通的；当有外力按压促动器时，定量阀门阀杆向下走，阀杆下端与阀体密封环由于配合过盈产生了密封，此时阀体与气雾剂内环境不相通，阀杆继续往下走，当阀杆限流孔下压至内密封圈以下，促动器有溶液和推进剂喷出；当外力撤除后，阀杆限流孔回复到内密封圈以上，阀杆下端和阀体不再密封。定量阀门主要应用于空气清新剂、口腔清新剂、香水、杀虫剂等。

（8）雌阀 雌阀如图 8-7 所示，与雄阀不同的地方在于阀杆结构的差异，雌阀只保留一半阀杆，另一半阀杆在按钮上，由于结构的特殊性，使它在产品雾化的分散性和充填速度上表现突出。喷头与阀芯连为一体，可以取下清洗或更换，有效解决阀芯、喷头堵塞问题，可用于大部分气雾剂产品。雌阀的填充速度比普通雄阀快，密封性较差，但因其可更换阀芯，有效避免了微生物对产品的污染。雌阀主要应用于高黏性产品，如喷雾粘胶、自动喷漆等。雌阀一般配合扇形喷头使用，让产品更有个性、更方便、更实用。

图 8-6　定量阀门结构　　　　　　　　　图 8-7　雌阀结构

（9）卡式阀门 卡式阀门封装在特种专用容积压力罐中，对于填充于耐压气罐中的特种丁烷气起到助燃作用的阀门产品，是当丁烷气从气雾罐中通过阀门喷出时点燃后燃烧加热的特种阀门产品，适用于旅游、运输、野外聚餐、家庭聚餐及各种工企业配件手工适温加热加工作业，其使用范围广、便捷、节能环保，需求量逐年增多。

六、阀门促动器

阀门促动器是指与气雾阀相连接的、促动气雾阀的装置。

1. 分类

按结构分为按钮、组合喷盖、连体喷盖。

2. 按钮

按钮亦称喷头、按头、喷嘴。若按钮外缘盖住阀杆台，则为小按钮；若按钮外缘盖住整个封杯内槽，则为大按钮。若按钮不连有阀杆，则为雄阀按钮；若按钮连有阀杆，则为雌阀按钮。

3. 组合喷盖

组合喷盖如图 8-8 所示，是由底座喷头与外罩组合而成，使用时打开外罩，不使用时盖回外罩。组合喷盖一般是扣合在封杯上的 $\phi35mm$ 型，但也有同时扣盖在封杯和肩上的 $\phi40mm$ 型、$\phi45mm$ 型、$\phi53mm$ 型等。组合喷盖组合的产品外观较按钮更为高端大气，更具个性化，主要应用于个人护理产品中，如止汗剂、体香剂和保湿液等。

4. 连体喷盖

连体喷盖是底座喷头与外罩为一体的，即不可分离的。根据喷向和形状，再细分为向上连体喷盖、向前连体喷盖、连体喷枪等。适用于日化产品、空气清新剂、体香剂、止汗剂、家用光亮剂、防晒霜、皮革护理清洗剂和汽车护理气雾剂。

图 8-8　组合喷盖

第二节　气雾剂类化妆品的生产设备

一、气雾剂生产设备

1. 气雾剂生产设备的组成

气雾剂生产设备由灌装设备及辅助设备组成，具体包括：

（1）灌装设备　由灌料机、封口（抓口）机及推进剂充填机三大部分组成。

（2）辅助设备　由理瓶机、搅拌珠投放机、上阀机、水浴检漏机、重量检测机、促动器安装机、保护盖安装机、贴标机、收缩膜机、封箱机、打带机、码垛机等组成。

2. 气雾剂生产设备的分类

（1）按照设备结构划分　半自动灌装机和全自动灌装机。

（2）按照生产能力划分　半自动灌装机（800～1000 罐/h）和全自动灌装机（≥2400 罐/h）。

（3）按照灌装方式划分　阀杆灌装机和盖下灌装机。

3. 气雾剂生产设备的介绍

（1）全自动气雾剂灌装机　目前主要还是渐进进给式（星轮步进）与直线进给式（直行步进）两种。两种灌装机都适用于 1.25cm（1 英寸）气雾罐各种原料及推进剂（LPG、F12、DME、CO_2、N_2 等）的充装。

采用直行步进灌装法比采用星轮步进灌装法灌装的生产能力高 40%～50%，且直行灌装机结构简单、调整方便。

（2）盖下灌装机　盖下灌装机分为一般盖下灌装机和二元盖下灌装机，通常情况下前者专门适用于灌装液化气体，后者专门适用于压缩气体。但随着科学技术的发展，现大部分此类设备的厂家在设计生产设备时，都会将另一种气体灌装能力也兼容进去作为备选，提高附加值。

① 全自动二元包装囊阀气雾剂灌装机。采用触摸屏＋PLC 程序控制盖下充填压缩气体、封口融为一体。工作时，先盖下预充填（剂料体积占 55％～60％时，预充填内压力是最终内压力的 1/3）压缩空气（或 N_2），然后再进行剂料的灌装（通过阀杆灌装，这时候要注意灌装压力和囊袋的承受问题，规避外溅料和囊袋撑裂）。

② 全自动盖下灌装机。专门适用于制冷剂（R134a、HFO-1234ze）的盖下充填灌装加工。

（3）上阀机　目前主要分为一般上阀机、磁铁式上阀机、无引管阀门上阀机和全自动卡式气阀上阀机。

① 一般上阀机。主要是通过转盘疏导阀门进入预定轨道，护壳固定其输送到发射口，通过压缩空气强动力发射进入管道从而到达罐口上方，通过摇摆筒定向投放入气雾罐内，通过阀门较位器较位并压紧在罐口上，增加封口质量，节省劳动力，提高生产效率。

② 磁铁式上阀机。与一般上阀机基本相同，主要是进入预定轨道后，不是通过护壳固定输送到发射口，而是通过磁力吸附固定输送到发射口。所以磁铁式上阀机在设计和成本上相对一般上阀机要优，但只适用于马口铁等具有磁力的阀门，在应用面上相对短板。

③ 无引管阀门上阀机。用于冷媒阀盖、医用氧气阀的自动上阀，由送阀机、理阀机、阀门检测机、自动上阀机及 PLC 控制系统组成。

④ 全自动卡式气阀上阀机。专门适用于卡式炉阀门。

（4）压喷嘴机　由理喷嘴机、压喷嘴机及控制系统组成，可实现喷嘴的自动整理和输送，喷嘴与气雾罐的自动压紧，具有速度快、噪声小、自动化程度高等优点。

（5）水浴槽　采用防爆电机，装有超负荷自动分离器，可保证机器安全运行。水箱中装有隔爆型电热管，可将水迅速加热至所需温度，并自动控温。水箱中应装有水位探测装置并自动控制水位，同时与加热装置进行联动，确保水位达到既定水平时方能启动加热装置，实施本质安全控制。吊挂夹具夹紧可靠不脱落，具有自动全方位吹干装置。

水浴槽应设置好规定温度。除非一些对热敏感或其包装物遇热变形的气雾剂产品外，所有产品均应进行水浴检测。水浴检测时，应确保气雾剂整个产品都浸入清澈水中，以便及时发现泄漏或者变形的产品，检测过程应设专人监视水浴，及时捡出漏泄产品，剔除的产品应及时处理。水浴槽是用水浴的方法全数检验气雾剂成品的主要设备。

因气雾剂产品内压过高或者进出水浴槽时卡罐导致气雾剂在水浴槽内爆炸的事故时有发生。

二、气雾剂检测设备

1. 气雾剂产品封口直径测量仪和封口深度测量表

封口直径和封口深度是气雾剂产品封口质量的关键两项参数，所以监控和管理封口直径测量表和封口深度测量表这两项仪器，对保证封口的密封质量具有极其重要的作用。

2. 气雾罐接触高度测量表

对提高罐口与气雾阀的配合精度、防止泄漏起到有效的控制作用。

3. 气雾罐变形爆破压力测试机

主要用来测量气雾罐变形压力和爆破压力的专用设备。它在压缩空气作用下，用气缸推动液缸，将水注入罐内进行加压，当加压到一定压力时气雾罐产生变形，继续加压将会爆破。此设备操作简单方便、数据准确、安全系数高。

第三节　气雾剂类化妆品的典型生产工艺

一、气雾剂一般生产工艺

气雾剂一般生产工艺流程见表 8-9。

关于流程几点说明如下：

① 流程虚框部分，系采用多功能组合充装机，此时抽真空、阀门封口及推进剂充装 3 个动作在充装机的一次行程中就完成，这样生产效率也就提高了。

② 当有些水基型产品在充装中将产品浓缩液与水分开进行时，就需要两台产品充装机，产品充装工序也由一步变成两步。

③ 当推进剂采用混合物，但分别向气雾罐内充装时，推进剂充装机就要相应增加，此时，可以采用两台单独充气机，也可以采用一台多功能组合充装机（在前）、一台单充气机（在后）组合进行。

二、气雾剂充装中的技术要点

1. 空罐检查

对进入充装线上的气雾罐应检查其罐内是否有异物存在，如制罐厂在成品包装时偶然掉入大尘埃、包装材料碎片等，这种异物如不予清除，就会使气雾剂产品在使用中产生堵塞。

同时要检测罐内是否出现划痕等影响内容物与气雾罐兼容性的不良问题，以及罐体是否有凹凸异常。

2. 剂料充装

① 要注意产品液料的黏度。对黏度高的液体，需要选择相对较低的充装速度，必要时要增加膏体灌装机。

表 8-9 气雾剂一般生产工艺流程

工序	物料信息	工序流程	设备信息
1	原料	开始	配制釜
2	—	剂料配制	不锈钢容缸
3	气雾罐	剂料静置	理瓶机
4	搅拌珠	上罐	搅拌珠投放机
5	剂料	放搅拌珠	灌料机
6	气雾阀	剂料灌装	上阀机
7	—	装阀门	封口机、真空泵
8	推进剂	阀门封口抽真空	气体充填机、增压泵
9	—	推进剂充填	水浴槽
10	—	水浴检漏	称重机
11	促动器	全检称重	压喷嘴机
12	保护盖	促动器安装	压盖机
13	—	保护盖安装	喷码机
14	不干胶	批号喷码	贴标机
15	收缩膜	贴不干胶	收膜机
16	瓦楞纸箱、封箱胶	过收缩膜	装箱机、封箱机
17	地板	装箱封箱	堆垛机
18	—	堆垛	—
19	—	成品检验	—
		入库	
		结束	

② 低沸点的液体，要以较低速度吸入。如吸入速度高，及其摩擦产生的热，会使液体在输液管挥发，影响定量器的充装容量。

③ 泡沫状的液体应采取低速灌装，必要时要对盛料缸进行密封抽真空。如速度高，泡沫产品会从罐口溢出，影响充装和封口密封性。

④ 水基型气雾剂生产过程中应注意将剂料与去离子水分别充入罐内时顺序的先后。

3. 阀门插入

阀门插入前，应检查外密封圈是否移位甚至脱落，封杯是否会被磨伤、引液管是否弯曲严重或者脱落等。

4. 抽真空

在阀门封口前抽出罐内产品料上部空间的空气使气雾剂罐内得到较高的真空度。抽真空不但可以防止残留空气中的氧气对产品的氧化反应，从而提高产品稳定性，同时方便了推进剂的充装及计量精确度。

从工艺的合理性来说，采用多功能充装机，将抽真空、阀门封口及推进剂充装在一个行程中完成为好。

5. 阀门封口

阀门封口主要达到两个目的：一是保证气雾阀与气雾罐间的良好密封；二是保证阀门与罐口的牢度结合。

不同厂家提供的阀门、不同材质及厚度的阀门固定盖，以及不同型式或材料的外密封圈，对阀门与罐的封口气密性及牢固度有着十分重要的影响，因此需要通过仔细调整封口直径及封口深度来予以保证。

尽管充装机生产厂说明书上和基本经验提供了英寸气雾罐口的参考封口直径和封口深度，但在实际应用时，还是应该根据具体情况仔细调整。

① 用于铁气雾阀与铁气雾罐，封口直径 27.0～27.2mm、封口深度 5.0～5.2mm；若是套式外垫圈，封口直径 26.8～27.0mm、封口深度 4.8～5.0mm。

② 用于铁气雾阀与铝气雾罐，封口直径 27.0～27.2mm、封口深度 5.1～5.3mm。

③ 用于铝气雾阀与铝气雾罐，封口直径 27.1～27.3mm、封口深度 5.1～5.3mm。

④ 用于铝气雾阀与铁气雾罐，封口直径 27.1～27.3mm、封口深度 5.0～5.2mm。

⑤ 用于定量铝气雾阀与铝气雾罐，封口直径 26.5～26.8mm、封口深度 4.5～5.0mm。

决定 25.4mm 罐口的封口深度有以下三个条件：

① 罐口内的接触高度（Boxal 计量器测定）；

② 外密封圈的型式、材料及尺寸；

③ 阀门固定盖的材料及厚度。

6. 推进剂的充装

（1）推进剂的充装方式　如前所述，根据推进剂向气雾罐内的充入途径，基本上分为两种方式。

① T-t-V 法（俗称阀杆充填法）。推进剂通过已封口阀门的阀芯计量孔，从阀座及阀芯与固定盖之间的空隙快速进入罐内。这类方法包括推进剂液体注入机及

压缩气体振荡机。在 T-t-V 法中，充气压力较高，达到 4.48～7.58MPa，大多取其中间值。这种压力由加压泵产生。气体的充装量对一般标准连续阀来说在 120～150mL/s 范围。但精密阀门公司设计的花键式固定盖及六边形内密封圈阀门，可以使充装量提高到 300mL/s。

② U-t-C 法（俗称盖下充填法）。推进剂通过未封口的阀门固定盖与罐卷边口之间进入罐内，充完气后再迅速将阀门封口。U-t-C 型多功能充装机有时只被用作真空封口机，而充气由随后的一台 U-t-C 或振荡式充气机代替。但此时必须注意不可让 U-t-C 充气机上的第二只齿轮转动把气雾罐压坏。对于推进剂的泄漏，应装设红外线光谱检测仪及微机控制装置对 LPG 或 DME 等易燃气体进行监控，使它们在室内空气中的浓度保持在最低爆炸限（LEL）之下，确保安全。

③ U-t-C 与 T-t-V 充装法的比较。在气雾剂充装方面，U-t-C 充气法与 T-t-V 充气法都已有几十年的历史和经验，前者以美国采用为主，后者则在欧洲普遍盛行。这两种充装方法的工作过程完全不同。U-t-C 法是从阀门固定盖下充气，而 T-t-V 法则直接通过阀芯充气。具体如下：

a. U-t-C 充装法。在 U-t-C 充装法中，是将推进剂从坐落在气雾罐口但并未封口的阀门固定盖与罐口之间充入的。在充装时使阀门略微提起，以使充气环套入后让推进剂进入达到平衡或计量。在完成充气过程的瞬间由 U-t-C 专用头将阀门封装在罐口上。在这种充装法中，充气和封口两个动作是在一起完成的。

b. T-t-V 充装法。在 T-t-V 充装法中，推进剂是直接通过阀门的阀芯充入气雾罐内，此时阀门已预先在气雾罐口上封口完毕。在这种充气阀中，充气和封口两个动作是分别在两台机器上完成的，封口在前，充气在后。

c. 虽然这两种充装方式及装置都在气雾剂工业中获得广泛应用，但是对于推进剂向来采用压缩气体转向的今天，从压缩气体的充气要求来看，U-t-C 充装法似乎更为适用。因为它不需要考虑阀门的型式与结构，充气速度快，也无需考虑气体压缩过程中产生的热的影响。但只要这些因素处理得当，T-t-V 充装法也一样可用于压缩气体的充装。

d. 这两种典型的充装法各有其特点和不足之处，见表 8-10。

表 8-10　U-t-C 充装法与 T-t-V 充装法的比较

方法	优点	缺点
U-t-C	① 充气均衡，不受阀门结构影响； ② 封口及充气两道工序在一台机上完成； ③ 充装速度快，生产效率高； ④ 可以充装混合气体	① 气体损失较大（LPG）； ② 操纵气体（LPG）的要求高

方法	优点	缺点
T-t-V	① 气体损失少（LPG）； ② 危险性小（LPG）	① 压缩气体的充气量受阀门结构及尺寸影响； ② 在封口后单独进行； ③ 充气速度慢

（2）在充装中定量器的选用　无论在充装产品时，还是在充装推进剂时，定量器的正确使用不但可以提高充装精确度，还可以提高充装速度。例如在充装200mL 液体时，可以取两种方法：

① 用一个 300mL 定量器一次完成定量充装。

② 采用两个 115mL 定量器，由每个定量器充装 100mL 液体。充装时应使罐连续通过第一个和第二个充装间，这样使产品的吸入时间减少一半，提高了充装效率。

若该 200mL 液体为泡沫产品时，可以用 300mL 和 115mL 的两个定量器，充装时第一个定量器的定量应大于第二个定量器的定量。

定量器大小的选用应尽量与所需充装的量接近，这样有利于提高充装精度。如要充 20mL 液体时，使用 30mL 的定量器比用 300mL 定量器充装精度高。这与定量器内的活塞行程有关。当然在充装两种不同的液体或推进剂（如 CO_2 与丁烷气）时，自然就应该同时使用两个定量器。

三、气雾剂生产工艺控制点

气雾剂生产工艺控制点见表 8-11。

表 8-11　气雾剂生产工艺控制点

序号	工艺名称	主要质检项目
1	上罐	气雾罐信息核对，外观、印刷内容
2	灌装剂料	剂料信息核对，外观、气味、用量
3	投放阀门	气雾罐信息核对，外观、印刷内容
4	封口	封口直径、封口高度、封杯外径、真空度、外观
5	推进剂充填	推进剂信息核对，外观、气味、用量
6	水浴检漏	温度、水位设置，防腐缓蚀剂添加，浸泡时间，内压力
7	全检称重	上下限值，物料波动

序号	工艺名称	主要质检项目
8	促动器安装	促动器信息核对，外观、配合性
9	保护盖安装	保护盖信息核对，外观、配合性
10	批号喷码	格式、位置要求，清晰度和完整性
11	贴不干胶	不干胶信息核对，外观、气泡、边角距
12	过收缩膜	收缩膜信息核对，外观、纹路、边角距
13	装箱	瓦楞纸箱信息核对，外观、装量、装法要求
14	封箱	封箱胶纸信息核对，外观、封箱要求
15	堆垛	地板信息核对，外观、堆垛要求
16	成品检验	工艺信息及其要求核对和确认
17	入库	登记和交接信息

四、气雾剂典型产品

化妆品类气雾剂产品中最典型的代表就是发用类产品摩丝、喷发胶，同样也是最经典的气雾剂产品。历来在各国的消费者中备受青睐，在整个气雾剂产品中占据了很大一部分的比例。可以毫不夸张地说，发用类气雾剂的发展也是气雾剂工业发展的代表之一。

1. 发胶气雾剂

（1）概述　在美国于 1949 年、欧洲于 1955 年开始以气雾剂形式销售喷发胶时，它们的主要目标是女士。曾经有几支产品专门为男士而设计，但发现男士们往往满足于未精心设计的发胶或者只是顺手用他们的母亲、姐妹或妻子用的发胶。然而，市场商们逐渐发现存在着男用喷发胶的潜在市场，于是他们开始设计配方和包装以抓住这部分市场。

（2）典型配方　发胶气雾剂的典型配方见表 8-12。

表 8-12　发胶气雾剂的典型配方

组相	原料名称	用量/%	作用
A	95%乙醇	48.15	溶解
	定型树脂	10.8	定型
	D-泛醇	0.9	保湿
	D5 硅油	0.03	赋脂

组相	原料名称	用量/%	作用
A	香精	0.12	赋香
B	二甲醚	40.00	推进

注：如果需要干一点的雾（粒径更细，也就是雾化更好），可以稍稍提高推进剂的比例，但如果推进剂用得太多，则会危及树脂的相溶性。在室温形成浊点，这将意味着一部分树脂会从溶液中析出结块，从而使产品不能被接受。

（3）制备工艺

① 95％乙醇加入一洁净的不锈钢配料锅。注意采取适当的通风、防静电、防火措施。

② 加入定型树脂、D-泛醇、D5 硅油、香精并搅拌至溶解均匀。

③ 经 400 目过滤后返回存料桶或送至灌装机，过滤时使液体保持低压流经过滤器，以防止柔软的副产聚合物通过，如果有这类物质通过可能会导致气雾剂阀门堵塞现象。

④ 将剂料在搅拌下分装入气雾罐，投放气雾阀，封口后充填二甲醚推进剂。

⑤ 安装促动器和保护盖。

（4）包装

① 气雾罐。可选用有内涂的马口铁罐或铝罐，无内涂的马口铁罐有可能会渐渐产生金属味（大蒜型），若酒精质量不佳或储存不当会使剂料中含水而导致罐的轻微腐蚀。

② 气雾阀。阀杆孔径一般是 0.41～0.51mm，没有旁孔，尾孔 1.02mm 或者 2.00mm 较为合适，引液管采用标准管径或者纤细的都适用。内垫圈要选择丁基橡胶材料，理论上铁阀和铝阀都适用。

③ 阀门促动器。孔径为 0.42mm 的直锥形机械击碎型喷头。

2. 摩丝

（1）概述　摩丝（mouse），在法语中意思是"泡沫"，是由法国巴黎欧莱雅公司（L'oreal）于 1978—1979 年开发的。在其后的两年里，这种类型的产品至少在 12 个国家获得了专利权。在美国专利 US 4240450（1980）和 4371517（1981）中，涵盖了全部的研制工作。其中第一个专利内容很全面，包含了 217 个配方，因此被称为是"教科书式的专利"。在法国及部分西欧国家初获成功后，欧莱雅公司灌装了约 3000 万罐摩丝气雾剂并运至北美，以他们的专卖品牌"Studio"进行销售。

（2）典型配方　摩丝的典型配方见表 8-13。

表 8-13　摩丝的典型配方

组相	原料名称	用量/%	作用
A	去离子水	加至 100	溶解
	角叉（菜）胶（GelCarin LP）	0.1	增稠
B	聚氧乙烯醚（20）失水山梨醇单月桂酸酯（吐温-20）	0.2	乳化
	聚氧丙烯（12）聚氧乙烯（50）羊毛脂	0.1	乳化
	硅油消泡剂	0.05	消泡
	苯甲酸钠	0.05	防腐
	月桂基甜菜碱	0.05	增泡稳泡
	氯化油酰三甲基铵	0.1	调理
	P（VP/VA）E-735 乙烯基吡咯烷酮/乙烯醇共聚物（50%乙醇溶液）	1.85	成膜
	聚季铵盐 11	1.0	调理
C	聚季铵盐 7	0.2	调理
	二甲基硅油/多元醇共聚物	0.2	赋脂
	1%柠檬酸溶液（调 pH 值至 6.5±0.1, 25℃）	适量	调节 pH
D	香精	0.1	赋香
E	丙烷/异丁烷（质量比为 15∶85）	6.5	推进

注：压力 0.358MPa（21℃，减压抽去 50%空气）。

（3）制备工艺

① 将去离子水加入一清洁的不锈钢混合釜中。

② 开启搅拌，以非常慢的速度加入角叉（菜）胶。

③ 完全分散后，加入吐温-20 及聚氧丙烯（12）聚氧乙烯（50）羊毛脂。

④ 加入硅油消泡剂及苯甲酸钠。

⑤ 加入月桂基甜菜碱和氯化油酰三甲基铵。

⑥ 加入乙烯基吡咯烷酮/乙烯醇共聚物（50%乙醇溶液）、聚季铵盐 11。

⑦ 当乳液完全均匀后，加入聚季铵盐 7。

⑧ 慢慢加入二甲基硅油/多元醇共聚物。

⑨ 如果需要，可用柠檬酸调 pH 值为 6.5±0.1。

⑩ 加入香精，搅拌 1h。

⑪ 用 400 目过滤，送至灌装线。

⑫ 减压抽去罐中 50％的空气。

⑬ 剂料在缓慢搅拌下灌装入气雾罐中，投放气雾阀，封口后充填推进剂。

⑭ 安装促动器和保护盖。

（4）包装

① 气雾罐。如果采用铁罐，则要评估腐蚀问题，一般会考虑给罐内壁增加有机聚合物涂层。无内涂的马口铁罐有可能会渐渐产生金属味（大蒜型），若内容物缓蚀体系不佳会导致罐的轻微腐蚀。

② 气雾阀。阀杆孔径一般是 0.51～1.02mm，没有旁孔，尾孔 2.00mm。另外一种是倒喷设置，旁孔开成槽室的，没有尾孔。引液管采用标准管径或者纤细的都适用。理论上铁阀和铝阀都适用。

③ 阀门促动器。喷嘴采用有空气释放腔的专用泡沫类喷嘴，但最经典的还是设计有 25mm 长喷管的喷嘴，这种一般是用以倒置使用。材质是聚乙烯塑料，颜色一般是白色的。

3. 止汗除臭气雾剂

（1）概述　止汗消臭喷雾，在国外，特别是中东地区及欧美、日本这些气雾剂消费大国中此类产品所占的比例相当可观。但在中国，可能由于生活习惯不同，同时此类产品从美国食品药品监督管理局（简称 FDA）对化妆品的分类来看同样被划分为特殊用途化妆品，生产门槛相对较高。因此，这类产品的销售始终处于不温不火状态，没有看到明显的上升趋势。目前市场上此类产品的销售，主要是一些国际品牌商，包括汉高、联合利华、妮维娅、曼秀雷敦、科蒂等。

（2）典型配方　止汗除臭气雾剂的典型配方见表 8-14。

表 8-14　止汗除臭气雾剂的典型配方

组相	原料名称	用量/％	作用
A	三氯生	0.15	杀菌
	环五聚二甲基硅氧烷	2.50	赋脂
	氯化羟铝	0.4	收敛止汗
	香精	2.00	赋香
	无水乙醇	加至 100	溶解
B	丙烷/异丁烷（质量比为 15∶85）	40～45	推进

（3）制备工艺

① 无水乙醇加进一装在地秤或有质量传感器的洁净、干燥的不锈钢配料锅内，除加料外，配料锅加盖。注意乙醇的燃烧性，确保现场无火焰或其他点燃源并保持适当通风，注意防止静电。

② 加入环五聚二甲基硅氧烷并搅拌至溶解，加入三氯生、氯化羟铝、香精并搅拌至均匀。必要情况下可以开均质机使剂料中氯化羟铝的粒径更小。

③ 经 100 目过滤后放入存料锅，转至 0～5℃ 冷冻房进行低温静置陈化 5 天。恢复室温后用搅拌器分散均匀，特别要确保沉于底部的粉末也要全部被搅起并被分散。

④ 剂料在液面翻滚的搅拌条件下灌装入气雾罐内，气雾罐内应放一颗 $\phi 4.76mm$ 或者 $\phi 6.00mm$ 的 304♯ 或者 316♯ 不锈钢钢珠，投放阀门，减压封阀（减压封阀是为了减少成品罐中的氧气和压力）并充推进剂。

⑤ 安装促动器和保护盖。

⑥ 成品在水浴中检出可能的泄漏。

应采取措施最大程度地减少气雾剂成品中的含水量，这些措施包括在无水乙醇储罐顶部装一守恒阀。阀的空气入口应有一个 20L 盛装含微量氯化钴的无水氯化钙容器保护。随着无水氯化钙变淡蓝色，它仍能随着温度变化吸收"呼吸"进储罐的空气中的水分。当颜色变红时则需更换干燥剂。当然，储罐和其他设备均需干燥，所有容器在任何时候都要加盖以减少潮湿空气的进入。若过量潮气进入剂料，则可能会发生香精变味、氯化羟铝水解和罐腐蚀的现象。引入 0.5% 水分（从空气湿度）的影响可以作为开发项目的一部分进行测定。

（4）包装

① 气雾罐。可选用有内涂的马口铁罐或聚亚酰胺树脂的铝罐，若酒精质量不佳或储存不当会使剂料中含水而导致罐的轻微腐蚀。这些罐大都是 25.4mm 口径气雾罐，少数产品用 20 mm 口径气雾罐。

② 气雾阀。阀杆孔径一般是 0.41～0.51mm，没有旁孔，尾孔 1.02mm 或者 2.00mm 较为合适，引液管采用标准管径或者纤细的都适用。理论上铁阀和铝阀都适用。

③ 阀门促动器。孔径为 0.42mm 的直锥形机械击碎型喷头。

第四节　二元包装囊阀气雾剂

中国市场二元袋阀气雾剂近年来增长迅速。据行业不完全统计，国内二元袋阀用量 2014 年约 2000 万只，2015 年约 2800 万只，2016 年约 3500 万只，2017 年约 5000 万只，近年来已达到约 2 亿只。这些二元袋阀有一半以上用在化妆品类气雾剂。可见，二元袋阀气雾剂在个人护理品领域的应用越来越广泛，成为个人护理品包装技术及产品形式创新的有效技术方案。

一、二元包装囊阀气雾剂的特点

压缩气体，是指在 −50℃ 下加压时完全是气态的气体，包括临界温度低于或者等于−50℃的气体。可以作为气雾剂推进剂的压缩气体主要包括二氧化碳、氧化亚氮、氮气、氩气等。最常见的压缩气体是二氧化碳和氮气。

二元袋阀气雾剂产品剂料与推进剂隔离，只要剂料与阀袋相容性好，在不改变化妆品原来配方的情况下，便可直接转化为二元袋阀气雾剂产品型式，所以其适应面更为广泛。

二元袋阀气雾剂内容物完全与外界空气隔绝，为产品长期保鲜和避免活性物氧化降解提供了天然的物理屏障，可以降低或减免配方中防腐剂或抗氧化剂的使用，缓解肌肤敏感，延伸了产品价值。

二元袋阀包装形式为后发泡类产品提供了一种优越的解决方案，例如后发泡的剃须啫喱等。当然还有其他原因，例如使用方便、新颖独特等。

保湿喷雾是近些年发展比较快的化妆品类气雾剂产品。近几年随着国人对皮肤保湿要求的认识不断提高，使用方便、保湿效果良好的气雾剂保湿水销量也逐年上升。从依云矿泉水喷雾、雅漾活泉水喷雾、薇姿理肤泉喷雾这些进口产品在市场上的一枝独秀，到家化的佰草集保湿喷雾、韩后保湿喷雾、丸美保湿喷雾、仙迪保湿喷雾等，喷雾水市场已呈现了百家齐鸣的景象。目前市场上保湿喷雾水规格在 50～300mL，价格在 20～180 元/罐。

二、二元包装囊阀

二元包装囊阀（亦称 360°型气雾阀）如图 8-9 所示，在任意方向均可使用。二元包装囊阀气雾剂的推进剂和内容物分别储存在不同的环境中，推进剂与内容物不相混，内容物储存在囊袋中，而推进剂储存在囊袋与气雾罐内间隙中。推进剂在气雾剂使用的整个过程中都不会被喷出来，作用于囊袋的四周施加压力。内容物通过推进剂挤压囊袋，从而产生压力，从阀门中释放出来，随着内容物的不断释放，罐内压力会不断下降，且下降速度比一般气雾剂快。

囊阀的优势主要有以下几点。

① 可以真正实现万向喷射。

② 以压缩气体取代了氟利昂、丙烷和丁烷混合物、二甲醚等不环保且易燃易爆气体为推进剂，消除了对大气环境的污染和上述气体对气雾剂的保真性和纯净度的干扰，彻底消灭了气雾剂产品在生产过程中使用易燃易爆气体这一危险的隐患，为环保型气雾剂产品的开发、研制提供了切实的手段。

图 8-9 二元包装囊阀结构

③ 内容物在囊袋内不与推进剂和气雾罐接触，防止了推进剂和气雾罐对内容物的影响，以及内容物对气雾罐的腐蚀，延

长和强化了气雾剂产品的有效期和密封性，有利于气雾剂产品原料选择的多样化。

④ 酸、碱不限，开辟了其他工业产品应用气雾技术的途径。

⑤ 黏度基本不限，开辟了高黏度应用气雾技术的途径。

⑥ 囊袋的无菌处理，为食品、医药等方面的气雾剂产品提供了可靠的卫生保证。

⑦ 由于囊阀气雾剂比普通气雾剂内压力高，囊阀阀门通道比普通阀门大，以及囊袋具有内容物的"刮净"功能，能应用于高黏度的啫喱状气雾剂中。

囊阀主要应用于保湿喷雾、后发泡剃须膏、泥膜、水基型灭火剂、喷发胶、空气清新剂、杀虫剂、鼻用气雾剂、消毒剂（人体、环境）、女用冲洗（润滑）剂、外用医药（烫伤、挫伤）气雾剂、通便剂、油漆（涂料）、脱模剂、探伤剂、安全防卫气雾剂、食品调味剂、着色剂等。

囊阀的劣势主要有：成本高；本身制备工艺复杂，以及应用到气雾剂产品中的生产工艺也复杂；不能摇匀。

三、二元包装囊阀气雾剂典型产品

值得一提的是，近年来市场上兴起了二元包装囊阀气雾剂的热潮。主要是保湿水喷雾已经成为市场主流消费的品类，采用二元袋阀技术的保湿水喷雾，比普通气雾剂的雾化效果更佳，雾滴粒径更细，即使在化完妆的状态下使用喷雾也不会发生妆容溶化情况，所以二元袋阀保湿水喷雾越来越受到广大消费者的青睐，销售量也呈逐年上升趋势。

四、二元包装囊阀气雾剂典型配方与制备工艺

（1）典型配方　二元包装囊阀气雾剂保湿喷雾的典型配方见表8-15。

表 8-15　保湿喷雾的典型配方

组相	原料名称	用量/%	作用
A	去离子水	加至 100	溶解
	赤藓糖醇	0.4	保湿
B	海藻糖	0.8	保湿
C	辛普 SP-115C （PEG-50 氢化蓖麻油/壬醇-14/丙二醇/水）	1.0	增溶
	辛酸/癸酸甘油酯	0.3	赋脂
	香精	0.01	赋香
D	防腐剂	适量	防腐

（2）制备工艺

① 于无味、洁净配制釜（缸）中，加入 A 相，边搅拌边升温至 83～85℃，恒

温 30min，搅拌降温。

② 取另一洁净小缸，将 C 相搅拌预混均匀，备用。

③ 待温度降至 35～40℃加入 B 相搅拌 5min 使其均匀，将预混均匀的 C 相加入其中，搅拌 10min 使其分散均匀。

④ 加入 D 相搅拌均质（可同时进行）10min 使其均匀，800～1200 目过滤出料。

⑤ 在气雾罐内投放二元包装囊阀，充填氮气在罐袋间（0.20～0.25MPa）后同时封口，剂料在搅拌下阀杆充填入囊袋内（测压为 0.7～0.8MPa）。

⑥ 安装促动器和保护盖。

由于压缩气体充入气雾罐内的质量较小，并且有微型泄漏问题，所以一般应通过微型水浴缸来检验密封性。如果出现微型泄漏，那么会对产品的生命产生严重影响。

五、包装

1. 气雾罐

一般是选用铝气雾罐，如果选择铁气雾罐，那么罐身生锈是必须要评估和接受的事情。

2. 气雾阀

阀杆孔径一般是 1.27mm，这有利于剂料灌装的输送速率。剂料灌装前后，囊袋的密封性要评估和确认好。同时，防止袋内空气氧化剂料或者影响喷出，袋子需要抽真空，一般是 0.010～0.020MPa。

3. 阀门促动器

孔径为 0.2mm 的具有旋风槽击碎型喷头。

第五节　气雾剂类化妆品的质量控制

一、化妆品气雾剂常见质量问题及其原因分析

1. 喷不出

一般原因为堵塞或没有推动力。

（1）堵塞　主要原因有：

① 内容物稳定性问题，导致后期物质析出、粒子聚集等形成了大颗粒的"堵塞物"。

② 内容物与包材发生反应，导致包材涂层剥离、掉落或（及）内容物析出物质等形成了"堵塞物"。

③ 原材料制造阶段引入外来杂质产生的"堵塞物"。

"堵塞物"在经过喷出通道时堵住引液管、阀室尾孔、阀杆孔芯、促动器 L 通

道、雾片孔芯等部位，一般堵塞阀杆孔芯和雾片孔芯比较常见。

（2）没有推动力　可能发生在其使用的前期、中期或后期，不同阶段其没有推动力的原因也不同。

① 前期是在推进剂充填时没有充填到推进剂，这种情况一般是机器故障或者人为疏忽导致的跳工序现象。

② 中期是在包装过程中包材密封性不良、机器故障或人为破坏导致的推进剂异常流失，所以丧失了推动力。

③ 后期是在存储、运输、货架和使用过程中，包材密封性不良、人为破坏和使用不当导致的推进剂异常流失，所以丧失了推动力。

2. 刺激

一般原因为酒精刺激或（及）液化气的应激反应、使用者个体异常。

（1）酒精刺激　根据产品配方体系的设计需要，如防晒喷雾、止汗香体喷雾等产品中都会添加大量的酒精。但众所周知，有些消费者肌肤对酒精是比较敏感的，特别是现在受工业化的环境质量影响，越来越多的人肌肤都比较敏感。所以这部分肌肤的消费者在选用时要确认清楚和慎重考虑，而品牌方的标签标示中则要充分做好提示和选用建议，制造商要从配方设计时设法取消或者用更温和的原料替代酒精。

（2）液化气的应激反应　当产品内含有大量的液化气体时，在喷出释放瞬间会转相成气态，给肌肤带来非常激烈的致冷效果，肌肤在自我保护机制作用下就产生了应激反应，最直观的表现就是皮肤变冷导致血液的局部的淤积，慢慢表现出来"红"并可能伴随着"痒"等暂时性的刺激现象。应激反应程度受液化气的瞬间转相量、皮肤接触时间和推进剂种类所影响。

（3）使用者个体异常　使用者皮肤对季节、饮食或作息等问题引起的变化所导致的敏感，即适应性变差所导致的皮肤不良反应。

3. 泄漏

一般原因为包材密封性或（及）异物堵塞、腐蚀穿孔。

（1）包材密封性　常见的泄漏位置是外垫圈处，铁罐的话容易在卷封位或者焊缝线处。在外垫圈处泄漏，大部分原因是封口尺寸、罐口完整性和外垫圈的材质、压缩状态不到位；在卷封位或者焊缝线处泄漏，大部分原因是机械加工不到位或者补涂不到位。

（2）异物堵塞　常见的是含有粉末的产品，充填或者喷出后有粉末残留在阀杆壁上，导致内垫圈无法完全贴合阀杆，产生了空隙，所以内容物从此泄漏。

（3）腐蚀穿孔　这是比较严重的现象，即内容物与包材严重不兼容，导致罐体或者阀体被腐蚀穿了，这种一般是采用铁罐的水基产品的生锈问题导致，或者是强酸强碱配方与金属包材的化学反应导致。

二、化妆品气雾剂的评价指标

（1）禁限用组分　禁用组分、限用组分。

（2）感官、理化指标　喷出物外观、气味、pH 值、耐热性能、耐寒性能、汞、砷、铅、镉等。

（3）卫生指标　菌落总数、霉菌和酵母菌总数、耐热大肠菌群、铜绿假单胞菌、金黄色葡萄球菌。

（4）毒理安全试验　急性经口毒性、急性经皮毒性、皮肤刺激性/腐蚀性、急性眼刺激性/腐蚀性、人体皮肤斑贴试验。

三、气雾剂的专项评价指标

《气雾剂产品测试方法》（GB/T 14449—2017）中对气雾剂的专项评价指标规定如下。

（1）包装方面　气雾罐耐压性能、气雾阀固定盖耐压性能、封口尺寸。

（2）容器耐贮性与内容物稳定性　容器耐贮性、内容物稳定性。

（3）产品使用性能　喷程、喷角、雾粒粒径及其分布、喷出速率、一次喷量、喷出率。

（4）充装要求　净质量、净容量、泄漏量、充填率。

（5）安全性能　内压、喷出雾燃烧性。

四、气雾剂技术的整体性关系

1. 影响气雾剂综合性能的因素分析

（1）安全性　燃烧性、毒理性、刺激性、腐蚀性等。

（2）质量性　稳定性、密封性、兼容性等。

（3）配方性　效果设计、剂料设计（有效成分和宣称成分）、推进剂设计、配方组成、内包材设计、配制工艺等。

（4）经济性　研发成本、内容物成本、内包材成本、包装物成本、制造检测成本、储存运输成本、市场流通成本等。

（5）环保性　VOC（挥发性有机化合物）、GWP（全球变暖潜能值）、CO_2等。

（6）制造性　设备、工艺、环境、产效、储存等。

2. 影响气雾剂喷雾性能的因素分析

（1）内容物　表面张力、溶剂、乳化剂、添加剂、推进剂、内压力等。

（2）内包材　气雾阀、促动器等。

（3）表现维度　射程（雾距）、射角（雾角）、射势（雾势）、射滴（雾粒径）等。

① 射程。内压力、释放流量、束流设置等。

② 射角。阀门阀室尾孔和阀杆孔径、促动器喇叭进料和雾孔孔径、锥角（反

向、顺向、前倾、突出）等。

③ 射势。内压力、推进剂、束流装置等。

④ 射滴。剂料（黏度和密度）、气雾阀（旁孔和中心孔）、促动器（雾孔孔径和机械漩涡槽的槽数、槽宽及槽深）、推进剂（品种和占比）等。

3. 影响气雾剂泡沫性能的因素分析

（1）内容物　表面张力、溶剂、乳化剂、添加剂、推进剂、内压力等。

（2）内包材　气雾阀、促动器等。

（3）表现维度　泡沫密度、稳定性、光泽度、硬度等。

① 泡沫密度。推进剂、料气相容性等。

② 稳定性。表面活性剂、推进剂等。

③ 光泽度。剂料、推进剂（二氧化碳有利于光泽提高，但会带来 pH 下降和泡沫变软等问题；氢氟碳烃和丙烷也有利于提高光泽，但料气相容效果和成本需要综合考虑）等。

④ 硬度。剂料（皂基有利于硬度提高）、推进剂及其占比（推进剂的用量提高有利于硬度提高，但可能会对稳定性带来影响）等。

五、主要检验标准及法规

1. 推进剂标准

（1）GB/T 6052—2011《工业液体二氧化碳》

（2）GB/T 8979—2008《纯氮、高纯氮和超纯氮》

（3）GB 11174—2011《液化石油气》

（4）GB/T 18826—2016《工业用 1,1,1,2-四氟乙烷（HFC-134a）》

（5）GB/T 19465—2004《工业用异丁烷（HC-600a）》

（6）GB/T 19602—2004《工业用 1,1-二氟乙烷（HFC-152a）》

（7）GB/T 22024—2008《气雾剂级正丁烷（A-17）》

（8）GB/T 22025—2008《气雾剂级异丁烷（A-31）》

（9）GB/T 22026—2008《气雾剂级丙烷（A-108）》

（10）HG/T 3934—2007《二甲醚》

2. 包装标准

（1）GB/T 2520—2017《冷轧电镀锡钢板及钢带》

（2）GB/T 17447—2012《气雾阀》

（3）GB 13042—2008《包装容器 铁质气雾罐》

（4）GB/T 25164—2010《包装容器 25.4mm 口径铝气雾罐》

（5）BB/T 0006—2014《包装容器 20mm 口径铝气雾罐》

（6）BB 0009—1996《喷雾罐用铝材》

（7）BB/T 0085—2021《二元包装囊阀》

3. **产品标准**

（1）QB/T 1643—1998《发用摩丝》

（2）QB/T 1644—1998《定型发胶》

（3）BB/T 0086—2021《二元包装囊阀气雾剂》

4. **基础标准类**

（1）GB 5296.3—2008《消费品使用说明 化妆品通用标签》

（2）GB/T 14449—2017《气雾剂产品测试方法》

（3）GB/T 21614—2008《危险品 喷雾剂燃烧热试验方法》

（4）GB/T 21630—2008《危险品 喷雾剂点燃距离试验方法》

（5）GB/T 21631—2008《危险品 喷雾剂封闭空间点燃试验方法》

（6）GB/T 21632—2008《危险品 喷雾剂泡沫可燃性试验方法》

（7）GB 23350—2009《限制商品过度包装要求 食品和化妆品》

（8）GB 28644.1—2012《危险货物例外数量及包装要求》（2012 年 12 月 1 日实施）

（9）GB 28644.2—2012《危险货物有限数量及包装要求》（2012 年 12 月 1 日实施）

（10）GB 30000.4—2013《化学品分类和标签规范 第 4 部分：气溶胶》

（11）QB 2549—2002《一般气雾剂产品的安全规定》

（12）BB/T 0005—2010《气雾剂产品的标示、分类及术语》

（13）JJF 1070—2005《定量包装商品净含量计量检验规则》

（14）化妆品标识管理规定（国家质量监督检验检疫总局令（第 100 号）

（15）SN/T 0324—2014《海运出口危险货物小型气体容器包装检验规程》

（16）化妆品安全技术规范（2015 年版）（2015 年第 268 号）

（17）《危险化学品名录》（2015 版）

第九章　其他单元化妆品的生产工艺

其他单元化妆品有机溶剂单元和牙膏单元。

第一节　指甲油

指甲油属于有机溶剂单元中的有机溶剂类化妆品，是涂敷于指甲表面，达到修饰和增加指甲美观，保护指甲的化妆品。广义的指甲油包括水性指甲油和油性指甲油。油性指甲油易于涂敷，干燥成膜快，光亮度好，耐摩擦，指甲油有红色、绿色、黑色、黄色等颜色。本章的指甲油特指油性指甲油。

一、配方组成

指甲油的配方组成见表9-1。

表 9-1　指甲油的配方组成

组分		常用原料	用量/%
成膜剂		硝化纤维素、乙酸纤维素、乙酸丁酸纤维素、乙基纤维素、聚乙烯以及丙烯酸甲酯聚合物	5～15
增塑剂		樟脑、蓖麻油、苯甲酸甲酯、磷酸三丁酯、磷酸三甲苯酯、邻苯二甲酸二辛酯、柠檬酸三乙酯、柠檬酸三丁酯	1～20
树脂		醇酸树脂、氨基树脂、丙烯酸树脂、聚乙酸乙烯酯树脂和对甲苯磺酰胺甲醛树脂、虫胶、达马树脂	0～25
增稠剂		二甲基甲硅烷基化硅石、有机改性膨润土	0.5～2
溶剂	主溶剂	乙二醇二丁醚（丁基溶纤剂）、丙酮、乙酸乙酯和丁酮、乙酸丁酯、二甘醇单甲醚和二甘醇单乙醚	5～40
	助溶剂	乙醇、丁醇等醇类	
	稀释剂	甲苯、二甲苯等烃类	
着色剂		CI 15850、CI 77891、CI 77007、CI 45380、CI 45410、CI 77491、CI 77492、CI 77499、CI 77718、CI 15985	0～5
珠光剂		云母、氧化锡、氧化铁类、合成氟金云母、硼硅酸钙盐、铝粉	0～2
芳香剂		按照产品需要添加	0～0.2

二、典型配方与制备工艺

1. 指甲油（一）

（1）典型配方　指甲油（一）的典型配方见表9-2。

表9-2　指甲油（一）的典型配方

组相	原料名称	用量/%	作用
A	硝化纤维	15.0	成膜
	丁醇	6.0	助溶
	甲苯	31.0	稀释
B	聚丙烯酸	9.0	树脂
	柠檬酸乙酰三丁酯	5.0	增塑
	乙酸乙酯	20.0	溶解
	乙酸丁酯	14.0	溶解
C	CI 15850（钙色淀）	适量	着色

（2）制备工艺

① 将A相用胶体磨或者三辊研磨机碾磨使其均匀。

② 将B相混合溶解，搅拌分散均匀，加入A相混合物，搅拌使其完全溶解。

③ 加入C相搅拌使溶解，混合均匀。

④ 将A、B、C相混合物用板框式压滤机过滤。

2. 指甲油（二）

（1）典型配方　指甲油（二）的典型配方见表9-3。

表9-3　指甲油（二）的典型配方

组相	原料名称	用量/%	作用
A	异丙醇	5.2	助溶
	硝化纤维	13.5	成膜
	邻苯二甲酸酐/偏苯三酸酐/二元醇类共聚物	8.0	成膜
B	乙酸乙酯	40.55	溶解
	乙酸丁酯	18.2	溶解
	乙酰柠檬酸三丁酯	6.5	增塑
C	司拉氯铵水辉石	3.0	悬浮
	柠檬酸	0.05	调节 pH 值

续表

组相	原料名称	用量/%	作用
D	CI 15850（钙色淀）	0.5	着色
	CI 15850（钡色淀）	1.6	着色
	钛白粉	0.5	着色
E	珠光颜料	2.4	珠光

（2）制备工艺

① 将 A 相用胶体磨或者三辊研磨机碾磨使其均匀。

② 将 B 相混合溶解，搅拌分散均匀。

③ 加入 C 相，搅拌使其完全溶解。

④ 取部分（A、B、C）相，加入 D 相碾磨均匀，再加入剩下（A、B、C）相，混合均匀，用板框式压滤机过滤。

⑤ 将 E 相加入混合物中，搅拌分散均匀。

三、生产工艺

指甲油生产工艺流程见图 9-1。

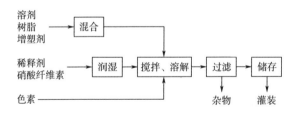

图 9-1　指甲油生产工艺流程图

如图所示，指甲油的配制主要包括原料预处理润湿、混合、色素碾磨、搅拌过滤、包装等工序。

（1）原料预处理润湿　用稀释剂或助溶剂将硝酸纤维素润湿。

（2）混合搅拌、溶解　另将溶剂、树脂、增塑剂混合，并加入硝酸纤维素中，搅拌使其完全溶解。

（3）色素碾磨　将色素加入球磨机中碾磨均匀，然后加入颜料浆，灌装小样品对色。

（4）搅拌过滤　经压滤机或离心机处理，去除杂质和不溶物，储存静置。

（5）包装　静置后的料体，开始灌装和包装，灌装到正确的包材中，多数为玻璃瓶包材。

四、关键工艺控制点

1. 预处理

指甲油的主要原料是纤维状的硝化纤维。它属特级危险品，稍加摩擦所产生的热量或遇到火星极易燃烧。因此，原料需要进行预处理润湿。将溶剂、树脂、增塑剂预混合。用稀释剂或助溶剂将硝酸纤维素润湿。

2. 关键原料的投料

（1）混合搅拌溶解　将溶剂、树脂、增塑剂混合，过程中不需加热、且注意搅拌速率不宜过快或过慢。

（2）色素碾磨　将色素加入球磨机中碾磨均匀，然后加入颜料浆，灌装小样品对色；碾磨完成时需要对碾磨的浆进行检查，使用刮片或涂抹载玻片看色素点是否已经完全分散完成，以防止出现色素点问题。

（3）搅拌过滤　经压滤机或离心机处理，去除杂质和不溶物，储存静置；搅拌过程中需要看料体均匀状态，色浆要均匀分布在整个料体里面，防止结团或不溶物的聚集等。

3. 中间过程控制

在生产过程中，需要注意以下问题。

（1）颜色对色　指甲油的调制一般是需要与每批次样品进行比对颜色，色素比例添加的时候需要进行严格控制和称量，防止出现配方比例损耗或人为的因素影响颜色的差异化。

（2）搅拌速率　搅拌速率过慢，会使指甲油表面与下层料体不一致，形成不易搅拌的物质，生产是在密闭的容器中进行，且应保证在整个生产过程中低速或中速搅拌。

（3）黏度控制和干燥时间控制　在生产过程中，挥发性溶剂容易挥发和损耗，应补充部分挥发料体和基础料体，防止因损耗带来的料体太干，影响涂抹或干燥时间缩短等。

4. 出料控制

指甲油的调制过程中，出料环节也是比较重要和关键的，需要掌握以下原则。

① 准备好相关的材料：防腐蚀手套，防静电工衣、包装胶带、盛装胶桶等。

② 出料口靠近盛装胶桶，防止飞溅到衣物或车间地板。

③ 出料速度加快，料体应靠近打包胶桶内壁顺滑流入盛装胶桶内，防止产生气泡。

④ 出料结束时应使用乙醇将设备、料口、相关工具进行清洁，防止干燥后难以清洁或结壳。

5. 储存

指甲油的储存过程中，状态相对比较稳定且都是密封状态，但运输过程中需要将它密封在容器中装在危险品车辆才能运输，而且生产操作者要经过训练，掌握有关指甲油知识和指甲油配置操作技术。

指甲油是一种易燃物，在整个生产过程中要注意安全，采取有效的防燃、防爆措施，防止意外。

指甲油储存特殊要求，工厂必须配置防爆仓库，且通风。

6. 灌装

指甲油灌装过程中，要注意料体挥发、加入密闭容器中进行灌装，采用单孔填充设备或自动填充设备，照明灯要有防爆装置，在工厂配置防爆车间进行，保障其生产的安全性。

7. 包装

指甲油的包装一般是装在带有刷子的小瓶里，其主要问题是对密封性的要求。稍不密封，溶剂很快挥发，指甲油就会干缩，影响使用。并且对安全有妨碍。

一般包装在比较安全，且不容易腐蚀的玻璃瓶内，指甲油料体大多为有机溶剂混合而成，外包装一般印刷文字比较多，不受影响。

五、常见质量问题及其原因分析

1. 黏度不适当，过厚或太薄

原因分析：各类溶剂配比不当，引起硝化纤维黏度变化。此外，硝化纤维含氧量增加，黏度也增加，但放置时间长久后，黏度会减小，会引起指甲油黏度的变化。

解决方法：改变配方中各类溶剂的比例，使其保持适当的平衡，使混合溶剂在挥发过程中也保持一定的平衡。每批硝化纤维均须根据不同质量调节配方。

2. 黏着力差

原因分析：配方不够合理或涂指甲油时，事先未清洗指甲，上面留有油污。

解决方法：调节配方，使硝化纤维与适当的树脂配合，成膜后可增加黏着力。产品说明写清每次涂用指甲油前应清洗指甲。

3. 光亮度差

原因分析：指甲油黏度太大，流动性就会变差，涂抹不均匀，表面不平整，光泽就差；黏度太低，造成颜料沉淀，色泽不均匀，涂膜太薄，光泽也会变差。树脂与硝化纤维配合不当，颜料不细，也影响亮度。

解决方法：仔细研磨，粉碎珠光剂和颜料，以增加光泽。

4. 甲油分层

原因分析：指甲油中的树脂黏度不够，悬浮剂的量不够。

解决方法：增加稠度和黏度，增加悬浮剂的使用量。

第二节　牙　膏

　　牙膏是属于牙膏单元中的牙膏类化妆品，其定义为：由摩擦剂、保湿剂、增稠剂、发泡剂、芳香剂、水和其他添加剂（含用于改善口腔健康状况的功效成分）混合而成的膏状物质。牙膏具有摩擦作用，能去除牙菌斑、提亮牙面、使口腔清爽。牙膏中的芳香剂，有爽口、清新口气的作用。根据所添加功效成分的不同，牙膏可分为美白牙膏、防龋牙膏、抗敏感牙膏、护龈牙膏、抗牙结石牙膏等。根据摩擦剂的不同，牙膏可分为碳酸钙体系牙膏、二水磷酸氢钙体系牙膏和二氧化硅体系牙膏等。

一、配方组成

　　牙膏的配方组成见表9-4。

表 9-4　牙膏的配方组成

组分	常用原料	用量/%
摩擦剂	碳酸钙、二水磷酸氢钙、无水磷酸氢钙、水合硅石、氢氧化铝	15～50
保湿剂	山梨（糖）醇、甘油、丙二醇、聚乙二醇等	15～70
增稠剂	一类是有机合成胶，入纤维素胶、羟乙基纤维素、卡波姆树脂；另一类是天然植物酸，如汉生胶、卡拉胶；还有一类是无机胶，如增稠型二氧化硅、胶性硅酸铝镁等	0.5～2.0
发泡剂	月桂醇硫酸酯钠、月桂酰肌氨酸钠、椰油酰胺丙基甜菜碱、椰油酰基谷氨酸钠、烷基聚葡糖苷、甲基月桂酰基牛磺酸钠等	0.5～2.5
芳香剂	常用的香精类型可以分为薄荷香型、留兰香型、冬青香型、水果香型、花香型、混合香型	0.5～2.0
功效成分	植物酸、焦磷酸盐、柠檬酸锌、乳酸锌、氟化物、氯化锶、木糖醇、西吡氯铵、氯己定、救必应提取物、多聚磷酸盐等	0.01～10
口味改良剂	糖精钠、三氯蔗糖、阿斯巴甜、甜菊糖等	0.05～0.3
外观改良剂	各种色素、色浆、珠光颜料、彩色粒子等	0.01～0.1
防腐剂	苯甲酸钠、苯甲酸、山梨酸钾、尼泊金酯类等	0.1～0.5
稳定剂	焦磷酸钠、磷酸二氢钠、磷酸氢二钠、碳酸钠、碳酸氢钠、硅酸钠等	0.1～1.0
水	去离子水	15～30

二、典型配方与制备工艺

1. 碳酸钙牙膏

(1) 典型配方　碳酸钙牙膏的典型配方见表 9-5。

表 9-5　碳酸钙牙膏的典型配方

商品名	原料名称	用量/%	作用
—	山梨（糖）醇	10.0～30.0	保湿
—	甘油	1.0～10.0	保湿
—	糖精钠	0.1～0.5	味觉改良
—	二氧化钛	0.1～1.0	外观改良
羧甲基纤维素钠	纤维素胶	0.1～2.0	增稠
—	黄原胶	0.1～1.5	增稠
石粉	碳酸钙	30.0～50.0	摩擦
二氧化硅	水合硅石	1.0～10.0	摩擦
十二烷基硫酸钠	月桂醇硫酸酯钠	1.0～3.0	发泡
—	香精	0.5～2.0	赋香
—	羟苯甲酯	0.1	防腐
—	水	余量	溶解

(2) 制备工艺

① 清洗、消毒设备。

② 将去离子水加入预混锅，加入水溶性原料（糖精钠），开搅拌至原料完全溶解均匀，制成水相溶液，吸入制膏机。

③ 将山梨糖醇、甘油，加入预混锅，吸入制膏机。

④ 将碳酸钙、二氧化硅、纤维素胶、黄原胶、二氧化钛、月桂醇硫酸酯钠等原料，投入粉料罐，开搅拌至粉料混合均匀。

⑤ 开制膏机双搅拌和真空泵，控制真空度在 −0.04～−0.08MPa 范围内，吸入粉料罐中的粉料，双搅拌 20min 以上。

⑥ 将苯甲酸钠在香精中水浴溶解，停真空泵，打开进香阀门，缓慢吸入香精，关闭进香阀门，待香精混入膏体后，开真空泵，双搅拌 10min 以上。

⑦ 停双搅拌，控制真空度在 −0.094MPa 以上，持续抽真空 5min 以上，至膏体密实、光滑细腻、无气泡。

⑧ 停刮板、真空泵，缓慢打开放气阀，恢复常压后，打开制膏机锅盖，取样

送检，半成品检测合格后出膏灌装。

2. 二水磷酸氢钙牙膏

（1）典型配方　二水磷酸氢钙牙膏的典型配方见表9-6。

表9-6　二水磷酸氢钙牙膏的典型配方

商品名	原料名称	用量/%	作用
—	甘油	10.0～30.0	保湿
—	糖精钠	0.1～0.5	味觉改良
焦磷酸钠	焦磷酸四钠	0.1～1.0	稳定
羧甲基纤维素钠	纤维素胶	0.1～2.0	增稠
—	黄原胶	0.1～2.0	增稠
磷酸氢钙	二水磷酸氢钙	30～50	摩擦
十二烷基硫酸钠	月桂醇硫酸酯钠	1.0～3.0	发泡
—	香精	0.5～2.0	赋香
—	水	余量	溶解

（2）制备工艺

① 清洗、消毒设备。

② 将去离子水加入预混锅，加入水溶性原料（糖精钠、焦磷酸钠），开搅拌至原料完全溶解均匀，制成水相溶液，吸入制膏机。

③ 将甘油，加入预混锅，吸入制膏机。

④ 将磷酸氢钙、纤维素胶、黄原胶、十二烷基硫酸钠等原料，投入粉料罐，开搅拌至粉料混合均匀。

⑤ 开制膏机双搅拌和真空泵，控制真空度在−0.04～−0.08MPa范围内，吸入粉料罐中的粉料，双搅拌20min以上。

⑥ 停真空泵，打开进香阀门，缓慢吸入香精，关闭进香阀门，待香精混入膏体后，开真空泵，双搅拌10min以上。

⑦ 停双搅拌，控制真空度在−0.094MPa以上，持续抽真空5min以上，至膏体密实、光滑细腻、无气泡。

⑧ 停刮板、真空泵，缓慢打开放气阀，恢复常压后，打开制膏机锅盖，取样送检，半成品检测合格后出膏灌装。

3. 二氧化硅牙膏

（1）典型配方　二氧化硅牙膏的典型配方见表9-7。

表 9-7　二氧化硅牙膏的典型配方

商品名	成分	含量/%	作用
—	山梨（糖）醇	30.0～50.0	保湿
—	甘油	1.0～10.0	保湿
—	糖精钠	0.1～0.5	味觉改良
羧甲基纤维素钠	纤维素胶	0.1～2.0	增稠
—	黄原胶	0.1～2.0	增稠
二氧化硅	水合硅石	5～30	摩擦
十二烷基硫酸钠	月桂醇硫酸酯钠	1.0～3.0	发泡
—	香精	0.5～2.0	赋香
—	苯甲酸钠	0.1～0.3	防腐
—	食用色素	0～0.2	外观改良
—	水	余量	溶解

（2）制备工艺

① 清洗、消毒设备。

② 将去离子水加入预混锅，加入水溶性原料（糖精钠、苯甲酸钠），开搅拌至原料完全溶解均匀，制成水相溶液，吸入制膏机。

③ 将山梨糖醇、甘油，加入预混锅，吸入制膏机。

④ 将二氧化硅、羧甲基纤维素钠、黄原胶、十二烷基硫酸钠等原料，投入粉料罐，开搅拌至粉料混合均匀。

⑤ 开制膏机双搅拌和真空泵，控制真空度在 -0.04～-0.08MPa 范围内，吸入粉料罐中的粉料，双搅拌 20min 以上。

⑥ 停真空泵，打开进香阀门，缓慢吸入香精、色素溶液，关闭进香阀门，待香精混入膏体后，开真空泵，双搅拌 10min 以上。

⑦ 停双搅拌，控制真空度在 -0.094MPa 以上，持续抽真空 5min 以上，至膏体密实、光滑细腻、无气泡。

⑧ 停刮板、真空泵，缓慢打开放气阀，恢复常压后，打开制膏机锅盖，取样送检，半成品检测合格后出膏灌装。

三、生产工艺

牙膏的生产工艺流程见图 9-2。

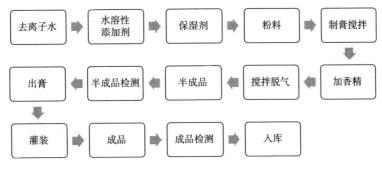

图 9-2　牙膏的生产工艺流程图

1. 两步法制膏

两步法制膏过程中制胶与制膏是间断完成的，即先在制胶锅中制好胶水，静置陈化数小时，再将胶水、摩擦剂、香精等物料经制膏机强力搅拌、均质、真空脱气等过程制成膏体。两步法制膏生产工艺操作步骤如下：

① 取低含水量保湿剂（如甘油）于预混桶内，搅拌下加入增稠剂，搅拌至增稠剂分散均匀，成胶粉预混液备用。对易分散于水的增稠剂，用部分水和高含水量保湿剂（如山梨醇）于预混桶内高速搅拌均匀成凝胶状水溶液，备用。

② 将去离子水加入预混锅，搅拌下加入水溶性原料，至原料完全溶解均匀，成水相溶液。将摩擦剂、粉状发泡剂（如 K12）等粉料打入粉料罐，搅拌预混均匀，成粉料备用。

③ 将保湿剂（未用于分散增稠剂）、水相溶液打入胶水预混锅搅拌均匀，搅拌下缓慢加入胶粉预混液，搅拌至胶水分散均匀。静置陈化数小时，备用。

④ 开真空泵，控制真空度在 $-0.04 \sim -0.08$ MPa 范围内吸入胶水；开高速搅拌，吸入粉料罐内预混匀的所有粉料，搅拌 10min 以后，控制真空度 $-0.090 \sim -0.098$ MPa 范围内，高速搅拌 $10 \sim 25$ min。

⑤ 打开进香阀门，缓慢吸入色素分散液、香精，搅拌 $10 \sim 20$ min。

⑥ 停高速搅拌，真空脱气 $5 \sim 20$ min。

⑦ 停刮板和真空泵，将制膏机内气压恢复常压。

⑧ 取样送检，检测合格后，将膏体打入储罐，灌装为成品，检验合格后入库。

2. 一步法制膏

一步法制膏过程制胶与制膏是连续进行的，即把增稠剂和摩擦剂等粉料充分混合均匀，然后与液相混合，经过强力搅拌、均质、真空脱气等过程成膏体。一步法制膏生产工艺操作步骤如下：

① 将去离子水加入预混锅，加入水溶性原料，开搅拌至原料完全溶解均匀，成水相溶液。

② 将摩擦剂、增稠剂、粉状发泡剂等粉料投入粉料罐，开混合搅拌器搅拌至粉料混合均匀。

③ 开真空制膏机刮板，将步骤 1 得到的均匀水相溶液、保湿剂加入制膏机，开搅拌至制膏机内原料混合均匀。

④ 开制膏机双搅拌和真空泵，控制真空度在 $-0.04 \sim -0.08$MPa 范围内吸入粉料罐中所有粉料。控制真空度 $-0.090 \sim -0.098$MPa 范围内，高速搅拌 $10 \sim 25$min。

⑤ 打开进香阀门，缓慢吸入色素分散液、香精，搅拌 $10 \sim 20$min。

⑥ 停高速搅拌，真空脱气 $5 \sim 20$min。

⑦ 停刮板和真空泵，将制膏机内气压恢复常压。

⑧ 取样送检，检测合格后，将膏体打入储罐，灌装为成品，检验合格后入库。

四、关键工艺控制点

1. 原料的储存

首先仓库的环境必须是干燥、通风的，明亮、清洁、通畅。仓库内仓库应有防鼠、防潮、防霉变、隔热措施，严禁烟火，配置适量的消防器。储存原料必须要注意原料本身的理化特性，选择相关原料最佳的存放条件，并且应该将部分易燃、易爆、有挥发性、有毒性、有腐蚀性的原料放到安全原料存放仓中，并需要定期检查安全原料仓的环境变化。

（1）粉料 应储存在干燥清洁的库房内，置于阴凉干燥的地方确保通风。要注意防潮。

（2）保湿剂 应储存在干燥清洁的库房内，不得露天堆放，应避免雨淋或受潮。

（3）发泡剂 应储存在干燥清洁的库房内，储存于阴凉、通风的库房。库温不宜超过 30℃。应与氧化剂分开存放，远离火种、热源。

（4）香精，有效物 避光，通风干燥处，密封保存，存放温度不宜超过 26℃，不宜低于 10℃。

2. 预处理

① 粉料和水相原料，需要预混搅拌均匀，才能吸入制膏机。

② 香精类原料需要预溶混合后才能使用。

3. 关键原料的投料

① 先吸入液相原料，然后才能吸入粉料。

② 粉料原料吸入过程，应严格控制真空度范围，防止粉料冲顶，粉料搅拌过程应保证高速分散开启时间，防止粉料混合不均匀。

③ 加入色素分散液和香精原料时，应关闭真空泵，控制真空度，防止香精和

色素冲顶。

④ 制膏过程应控制膏体温度在 $36\sim45℃$ 内，防止膏体温度过低造成胶体搅拌分散不均匀，同时防止膏体温度过高造成香精过分挥发。

4．中间过程控制

① 膏体的感官：外观、色泽、香味等符合产品标准要求。

② 膏体的比重：符合产品标准要求。

③ 膏体 pH 值：符合产品标准要求。

④ 膏体稠度（内控）：符合产品标准要求。

⑤ 膏体泡沫量（内控）：符合产品标准要求。

5．出料控制

① 膏体经半成品检测合格后可以出料。

② 出料过程应先将管道中残留的水分排空。

③ 出料过程应注意管道密封性，防止管道混入空气，造成膏体质量不合格。

④ 在储罐口应有防泡管，防止膏体冲击造成膏体混入气泡。

6．储存

① 半成品膏体打入移动储罐或者固定储罐中。

② 半成品膏体在储罐储存，应防止膏体冷凝水回流，尽快灌装，防止微生物污染。

7．灌装

① 灌装设备必须消毒验证后，才能使用。

② 开机前需要检查灌装料体半成品标准中的感官指标是否合格。

③ 灌装首件产品与标准样板进行确认，检查合格后，正式进行灌装。

④ 灌装过程，定时对灌装牙膏进行净含量检测，保证在净含量标准要求范围内。

⑤ 灌装过程，现场 QC 应定期进行巡检，确保灌装过程产品质量。

8．包装

符合 GB/T 8372 的要求。

① 包装印刷的图案与字迹必须整洁、清晰，不易脱落。

② 包装标签必须准确，不应贴错、贴漏、倒贴、脱离。

③ 包装上必须有正确的生产日期和有效期。

④ 成品需要保持产品直立放置，禁止产品平放或倒放。

五、常见质量问题及原因分析

1．固液分离

主要表现为：轻微时管口和气泡处固液分离，严重时膏体与软管分开，膏体变稀，打开管口液体会自动流出。

（1）原因分析　牙膏固液分离是最常见的质量问题，引起的原因十分复杂，其最终结果都是使牙膏均相胶体体系受到破坏而使固液分离。引起固液分离主要有以下几个方面的因素。

① 黏合剂。黏合剂对膏体的稳定性起着至关重要的作用。牙膏常用的黏合剂羧甲基纤维素钠（CMC）是构成牙膏膏体骨架的主体成分，对平衡牙膏的固液相起着关键作用。衡量CMC的性能的主要指标是取代度，但取代度作为宏观统计的平均值，具有不均匀性，难以保证牙膏形成均匀的三维网状结构，从而使得液相不能很好地固定在膏体中而出现固液分离的现象。此外，牙膏中的细菌等微生物可降解CMC，也会导致固液分离现象发生。

② 摩擦剂。天然碳酸钙来源广泛、性价比高，是很多牙膏固相的主要成分。碳酸钙经机械粉碎后，微粒表面十分光滑，其吸水量变小，易使膏体固液分离。若碳酸钙加工时水含量过大，使膏体水分相对过剩，或碳酸钙含量太低，固液相配比不当，膏体会有固液分离现象。而且如果摩擦剂粒度过细，比表面积大，表面自由能高，形成聚集体，排出包覆在胶体内的自由水，也会有固液分离的现象。

③ 发泡剂。牙膏常用的发泡剂十二烷基硫酸钠（K12）是一种含有 $C_8 \sim C_{14}$ 的钠盐混合物，其中 C_{12} 和 C_{14} 的含量高低对膏体稳定性影响很大。如果这两种醇组分发生变化，也会引起膏体固液分离，导致膏体的不稳定。

④ 保湿剂。牙膏常用的保湿剂有山梨醇、甘油等，如果加入过量，会影响胶体与水的结合能力。如果杂醇、无机盐含量过高，会影响牙膏中CMC溶液的稳定性，导致牙膏固液分离；如果保湿剂含水量过大，也会导致固液分离现象的发生。甚至如果是制备山梨醇的原料淀粉受到污染，都可能导致固液分离。

⑤ 其他添加剂。牙膏中常会因为加入部分添加剂，使膏体的稳定性受到影响。例如，CMC是一种高分子钠盐且耐盐性较差，若牙膏中添加过多的钠盐，由于同离子效应，膏体黏度降低导致固液分离；其次牙膏原料中带入的细菌等微生物也会降解膏体中的黏合剂，从而使膏体的三维网状结构被破坏，膏体出现固液分离现象。

⑥ 工艺原因。如果生产时制膏机对膏体的研磨、剪切力过强过大，会影响CMC的网状结构，从而破坏胶体的稳定性，引起固液分离。其次制膏过程中的搅拌时间、制膏温度、真空度、真空泵回水、冷凝水回流以及环境卫生等也会引起固液分离。

（2）解决方法

① 原料及配方控制。对配方中的水含量和粉料的吸水量进行配伍，使两者保持平衡，以确保游离水分稳定地分布在膏体网络结构中；对配方中无机盐和生物

组分的含量与CMC的抗盐抗生物降解能力进行配伍，可适当复配其他类型增稠剂如羟乙基纤维素（HEC），保持膏体的网络结构；根据配方组成和生产条件合理确定防腐剂的种类和用量，使牙膏菌落总数稳定控制在标准范围之内；保证牙膏液相的保湿性能，防止极端温度下发生固液分离现象；控制乳化剂的种类和用量，避免因乳化不足而出现固液分离；严格控制原料的质量，避免因原料质量不稳定而导致牙膏固液分离。

② 工艺控制。在加入制膏锅前，将所有可溶的成分用适宜的溶剂充分溶解，采用摩擦剂或保湿剂将黏合剂分散，并严格控制进粉速度，避免黏合剂在制膏锅中出现结团或因分布不均匀而导致固液分离；确定合理的均质速度、时间和温度，以免出现均质不足或均质过度，从而导致固液分离；在加入发泡剂后，确保足够的真空度和真空时间，避免膏体中气泡太多导致固液分离；生产过程必须保持环境、设备、工具的干净卫生，避免由于微生物的污染而导致固液分离。

总之，引起固液分离的原因主要是黏合剂三维网状结构的破坏，如果能控制引起固液分离现象发生的因素，保证三维网状结构稳定，就能避免固液分离现象的发生。

2. 气胀

主要表现为：膏体膨胀使牙膏外形变圆，开盖时膏体自动溢出管口，同时挤膏时伴随着噼啪声，严重时会使管尾爆开。

（1）原因分析

① 缓蚀剂。在以碳酸钙为摩擦剂的牙膏中，由于碳酸钙的弱碱性及其高用量会对包装材料的铝管产生腐蚀，腐蚀过程中会产生一定的气体，所以常会加入二水合磷酸氢钙和水玻璃（硅酸钠）作为缓蚀剂。缓蚀剂的种类和用量会影响铝管被腐蚀的程度，从而引起气胀。

② 防腐剂。防腐剂的种类和用量决定了其防腐能力的大小。如果防腐能力不足，会允许某些菌类生存繁殖，经微生物发酵代谢产生气体。

③ 设备工艺。如果制膏过程中设备真空度不足或抽真空时间过短，而使脱气效果不理想，膏体中会残存过多的气体；同时由于设备原因，牙膏在灌装时会在管口或管尾处留下少量的空气，也会为微生物的繁殖提供良好的生存环境。

此外，引起气胀的原因还有很多，如碳酸钙的纯度、表面光洁度，其他原料甚至环境等因素都会引发一系列的化学反应和电化学反应。气胀可能是单一的原因，也有可能是多种原因共同起作用。

（2）解决方法 对配方中固液相的pH进行分析，合理确定酸碱缓冲剂的种类和用量，使牙膏pH控制在稳定的范围内，避免碳酸钙牙膏的气胀；合理控制牙膏中的含水量，避免含碳酸氢钠的牙膏气胀；选择合适防腐剂的种类和用量，严格控制微生物的数量，避免微生物代谢产生气体；保证制膏过程中的真空度和灌装工艺，避免带入过多气体。

3. 其他常见问题

以上两种问题是牙膏最常见的质量问题，其他还有变稀、干结发硬、结粒、变色、变味、pH 发生变化等质量问题。表 9-8 列举了其他的牙膏质量问题的分析和解决办法。

表 9-8　牙膏常见质量问题的分析及解决办法

质量问题	具体表现	原因分析	解决办法
变稀	膏体稠度大幅下降	①增稠剂使用不当； ②原料中微生物和有机物超标； ③防腐剂使用不当； ④无机盐含量过高； ⑤制膏工艺控制不当，如搅拌时间过长、制膏温度过高、真空泵回水，冷凝水回流以及环境卫生不达标等	①选用合适的增稠剂和防腐剂； ②控制配方中无机盐含量； ③严格控制原料质量、操作工艺和制膏环境
干结发硬	管口膏体发干，难以挤出，膏体变稠，严重时膏体脱壳，与牙膏管分离	①增稠剂选用不当或添加量过高； ②酸碱缓冲剂对磷酸氢钙的稳定作用不足； ③保湿剂用量不足； ④摩擦剂复配比例不当； ⑤制膏工艺不当，如加料顺序不当、增稠剂预分散不足以及进粉速度过快等	①选用合适的增稠剂及用量； ②选用合适酸碱缓冲剂； ③控制保湿剂用量； ④控制合理摩擦剂复配比例； ⑤严格控制制膏工艺
结粒	原本细腻的膏体出现或大或小的颗粒	①酸碱缓冲剂对磷酸氢钙的稳定作用不足； ②摩擦剂复配比例不当； ③无机盐含量过高； ④制膏工艺不当，如加料顺序不当、增稠剂预分散不足以及进粉速度过快等	①选用合适酸碱缓冲剂； ②控制合理摩擦剂复配比例； ③控制无机盐含量； ④严格控制制膏工艺
变色	白色牙膏变成黄棕色，有色牙膏变深、变浅、变不均匀或变成其他颜色	①香精使用不当； ②色素使用不当； ③功效成分容易被氧化； ④摩擦剂等粉料中含有引起变色的金属离子，如 Fe^{3+}、Mn^{2+} 等	①选用合适的香精和色素； ②添加抗氧化剂； ③严格控制摩擦剂等粉料中易引起变色的杂质含量

质量问题	具体表现	原因分析	解决办法
变味	香味明显发生变化，甚至发出臭味	①香精使用不当；②防腐剂使用不当；③香精与其他组分发生反应；④摩擦剂等粉料中的硫化物含量过高；⑤乳化剂用量不足	①选用合适的香精和防腐剂；②控制摩擦剂等粉料中的硫化物含量过高；③保证乳化剂的乳化效果
pH 发生变化	膏体 pH 超出标准的范围	①香精使用不当；②酸碱缓冲剂使用不当	使用适宜的香精和酸碱缓冲剂
细菌总数发生变化	膏体菌落总数出现上升，甚至超出标准的范围	①防腐剂使用不当；②生产环境卫生不达标	①使用适宜的防腐剂；②严格控制生产环境卫生状况
功效成分含量发生变化	膏体中功效成分的含量出现下降	功效成分与其他组分发生反应	①选用合适的功效成分；②添加其他组分阻止功效物质发生化学反应；③通过包裹等技术将功效物质隔离起来

参 考 文 献

［1］ 中国就业培训技术指导中心．化妆品配方师（基础知识）［M］．北京：中国劳动社会保障出版社，
2013．

［2］ 胡芳，林跃华．化妆品生产质量管理［M］．北京：化学工业出版社，2019．

［3］ 叶曼红，刘纲勇．化妆品微生物检验技术［M］．北京：化学工业出版社，2021．

［4］ GB/T 8372—2017．牙膏［S］．

［5］ QB/T 2966—2014．功效型牙膏［S］．

［6］ 中国口腔清洁护理用品工业协会．牙膏生产技术概论［M］．北京：中国轻工业出版社，2014．

［7］ 沈钟，赵振国，康万利．胶体与表面化学［M］．4版．北京：化学工业出版社，2012．

［8］ 崔正刚，许虎君．表面活性剂和日用化学品化学与工艺学［M］．北京：化学工业出版社，2021．

［9］ 裘炳毅，高志红．现代化妆品科学与技术［M］．北京：中国轻工业出版社，2016．

［10］ 马振友，岳慧，张宝元．皮肤美容化妆品制剂手册［M］．北京：中医古籍出版社，2004．

［11］ 张婉萍．化妆品配方科学与工艺技术［M］．北京：化学工业出版社，2018．

［12］ 刘纲勇．化妆品配方设计与生产工艺［M］．北京：化学工业出版社，2020．